新中国外交耆宿
柯华95岁述怀

柯 华／口述
郭彤彤／执笔

文化艺术出版社
Culture and Art Publishing House

目录

1　故乡
1915年 — 1935年

13　救亡·北平
1935年 — 1937年

47　西北
1937年 — 1954年

85　外交部首任礼宾司司长
1954年 — 1956年

103　正在觉醒的大陆：非洲
1956年 — 1964年

175　"文化大革命"
1966年 — 1976年

239　在英国及后来
1978年 —

303　结语
2012年早春

308　柯华简历
310　后记

新中国外交耆宿柯华95岁述怀

故乡
1915年—1935年

· 1 ·

1915年12月，我出生在广东省普宁县里湖镇。

里湖镇在广东潮汕地区算是有点历史，明代时，这里商业比较发达，一直延续到清中期。

里湖商业发达，以今天的眼光来看，颇具地理区位优势，它毗邻榕江，东面和梅塘镇接壤，西面与揭西县坪上、钱坑相连，南临梅林镇，北面是榕江南河，同揭西县金和镇隔河相望。镇内有榕江、火烧溪、西门溪、引榕渠四条水穿流环绕。

明代时，在石牌溪、火烧溪之间修建了一座龙门桥，取"鲤鱼跃龙门"之意，叫"鲤湖镇"，后来简写成了"里湖镇"。

明、清两代，里湖镇的商业情况比较好，区位优势明显，其中有一个大背景不容忽视，就是里湖的商业始终是在农耕社会的框架下产生、发展起来的。而一但农耕文明的社会框架遭遇到工业文明的冲击，它就垮了下来。具体地说，就是穷人多了，农耕社会中的商业形态萎缩，大部分人家退守到单纯的农业生产。

我很小的时候，体会最深或者说记忆最深的就是家里穷——大杂院里有一间房子是我们家的，住着父亲、母亲、大姐、大哥、弟弟六七口人。房间里除了床之外，就是一个织布机。我估计这个织布机算是我们家唯一在当时与商业发生关系的纽带了。为什么这么讲呢？我想，妈妈织布除了供家里人穿衣之外，还会将多余的布拿出去卖。

20世纪初，从世界范围来看，工业文明已经进入鼎盛时期，我妈妈织的土布和洋布根本就没法比，无论从生产效率，还是质量，都比不上洋布。

当然，我妈妈不懂这个，她依旧每天晚上织布，点不起煤油灯，我也从来没有在家里见过蜡烛，就点一支香。一支香的亮度怎么能够照明呢？但确实如此，妈妈每天都点一支香织布。

妈妈织布，爸爸从事农耕，父母皆为勤勉辛劳之人，但却始终无法改变家里的经济条件。平常日子，舍不得吃肉，就买二两猪油挂到门口。我小，嘴馋，搬个小板凳，站在上面，仰着脖子舔那个挂着的猪油。弟弟也嘴馋，我干脆给弟弟抠下一块喂到他嘴里。弟弟吃下去，没过多大一会儿，肠胃受不了，吐得一塌糊涂。

我们家这种穷在里湖不是个别现象，大家都穷。穷怎么办？大家都知道山东、河北这些地方的老百姓穷，很多人闯关东，到东北去谋生。我们那儿的人去哪里呢？去南洋，漂洋过海到南洋讨口饭吃。

久而久之，漂洋过海到南洋找饭吃的人多了，普宁就成了侨乡，大概有一多半的人家会下南洋。就拿普宁的里湖镇来说吧，一共10万人多一点点，就有4万的侨胞，比例很大了。

当时家里穷得没法子，我父亲也下南洋，去现在的马来西亚。

父亲到马来西亚大概是1917年前后，1917年正是第一次世界大战快要结束的时候。我父亲到马来西亚和第一次世界大战有什么关系呢？关系密切得很——马来西亚最负盛名的橡胶是热兵器时代战争中不可缺少的战备物资，火得很。

从第一次世界大战到1929年世界经济萧条期，这10多年中，南洋

柯华的父亲林志乐(二排左二)与其父亲林先典(二排左三)及兄弟(二排右二：林志明，后排左起：林志橙、林志勇、林志见、林志知、林志禄)等合影

出现了一批通过做橡胶生意发了大财的华人，像华侨巨子卢文仪，他的橡胶园里仅雇佣的工人就有几千人之多。

我父亲刚到马来西亚，通过家乡的亲族关系，给一个号称"马来西亚第二大富翁"的人工作，不过不是在橡胶园里，而是在他开的一家杀猪铺子里当伙计，做些杂事，后来管账，每个月挣17块钱，寄回家来10块钱。有了父亲寄回来的10块钱，家里的生活这下子好转了。

后来，父亲成为了杀猪铺子的经理。父亲做事有个特点：勤勉。他把杀猪铺子经营得相当好，大富翁送给他一片橡胶园，父亲挣了钱就往家里寄。

咱们中国人有个习惯，有了钱就要盖房子。父亲经营橡胶园挣了钱，我们家也盖了大房子，从大杂院里搬出来。家乡人把这种大房子叫"四点金"，能盖得起"四点金"可是了不起。

什么叫"四点金"呢？有时候人们会把它与北京的四合院做比对，

柯华当年住过的房子院门

其中有一定的道理,但我认为比对性不大。因为从"四点金"的得名来看,它基本上算作中国传统儒家思想在居住方面最得以淋漓尽致地发挥出来的一种建筑样式。

"四点金"与四个阁仔有关。"阁"很古老了,在汉代的文献中就有记载,指堂的东、西两侧和堂毗邻、平行的房子。"四点金"中的阁仔刚好和文献记载一致。

现在我们说到"阁"是指类似楼房的建筑物,其功能主要是指供远眺、游憩、藏书和供佛之用,但过去主要指的是女子居住的地方,"闺阁"一词就是这么来的。

汉乐府《木兰诗》中就有关于阁的叙述:"开我东阁门,坐我西阁床。"我们家乡非常遵循古训,阁仔多为家里的女孩住和女孩做女红的地方。这里还有一个有趣的地方,儒家社会主张"男女授受不亲",女孩子应该足不出户,家里来客人时需要回避,但阁仔四个门中正好有一个门面向大厅前的走廊,所以门上要吊一个竹帘,客人来了,就把帘子放下来,

2007年11月1日，92岁的柯华重返故里，忆及往事，感慨万千

看不到里面的情况，而女孩子们却可以看见外面的情况。从某个角度来解释的话，阁仔也是女孩子们了解外部世界的一个窗口。

众所周知，女孩子在中国社会被叫做"千金"，而阁仔主要是女孩子居住和做女红的地方，因而也被叫做"千金阁"。

因"四点金"里面有四个阁仔，故被人们称为"四千金"，"千金"与"点金"有谐音，慢慢地就成了"四点金"。

我家的"四点金"终于盖好，就要搬家了。搬家可不是随便什么时候想搬就搬的，讲究颇大，一定要选良辰吉日，我们选的是晚上搬家。

我那时候岁数小，跟着家里的大人后面忙活，很开心。

三姑见我跟着忙活，便拿来桂圆给我吃。我一吃，不小心把桂圆的核咽到肚子里了，这下可不得了了，我吓得"哇哇"大哭。

三姑赶紧哄我："不要紧！不要紧！吃下去没事的，它会在肚子里长出桂圆树。将来呀，等树长大了，你就可以直接从长在脑袋上的桂圆树摘桂圆吃了。"

我听后不哭了，并且好长一段时间我都盼着桂圆树从肚子里长出来。

其实呀，从我记事起，因为父亲在南洋的关系，家里的经济状况开始变得不错了，就我个人的感觉来说，基本上没有再经历窘迫的日子。

母亲持家非常勤俭，家里的经济条件好起来之后，她常在乡里做些修桥、补路、救济穷人的事情。父亲打算买一辆汽车，母亲一听，和父亲闹，坚决不让买。总之，母亲很节俭。

父亲要买汽车这个事情对我产生了很大影响，后来我接受马克思主义，参加革命，觉得父亲买汽车是资本家所为，向组织谈到家庭出身问题时，认为自己出身于资产阶级家庭，虽然参加党领导的学生运动、参加中华民族解放先锋队都很积极，也比较早，但因这个问题向组织讲了，也自觉地接受党组织的考验，我到1938年才入了党。

· 2 ·

虽然这时候我们家的经济条件不错了,可并不意味着当时的整个社会有多好。

在我小时候,对社会上的土匪、军阀的了解都是通过耳闻得来的,其间没有逻辑性的因果关系,都是些碎片式的记忆,脸谱或者说符号的意义更大一些,当不得信史,但我清楚脸谱或符号对我幼年时认识当时社会的作用亦是关键所在。

20世纪20年代的广东乡下,散兵游勇时常出现,土匪、乞丐也不少。

我在街上亲眼见过抓壮丁,人家正在赶路,过来两个当兵的把人家一绑就拉走了,也不让人家跟家里说一声,就去当兵了。

土匪更可怕。有个土匪叫"王老五",横行乡里,无恶不作。他把人家的小孩抓走,让孩子的家里人拿钱去赎,如果在规定的时间,钱还没有送到,王老五就把抓去的小孩煮熟,放到小孩的家门口。

普宁乡下,家家都有粪坑,很深很深。有一天晚上,王老五走夜路,不小心掉到粪坑里,被人发现后,拉出来往死里打,由此可见老百姓多么痛恨土匪。

我到了该上学的年龄,最初没有进新式学校,而是去读私塾。

我在私塾读书,考试永远是最后一名,同学们就给我起了个外号——轮猪,认为我笨得像那头轮流养的猪。

我们那里穷得一家养不起一头猪,于是就三五家人轮流养一头猪。

上了一年还是两年私塾,反正我记不清了,我去镇上的小学开始接受新式教育是20年代初期的事情了。

上到小学高年级的时候,我对社会有了点朦胧的意识,主要有两件事情。

第一件事情,我家乡驻军的一个师长,他下令把许多麻风病病人赶到一个村子,然后用机关枪扫射,全部杀死,再浇上油烧,很残忍。

第二件事情,1927年9月和10月,澎湃在海丰县、陆丰县领导农民武装起义，建立了苏维埃政权。

陆丰县离我们普宁不远，挨着的。澎湃搞苏维埃不简单，是中国第一个农村苏维埃政权。

国民党过来镇压，到处杀人，我有五六个同学，比我大几岁，也是10多岁的娃娃，我记得名字的有两个同学，一个叫陈志桥，还有一个叫李存嘉，他们被国民党抓住枪毙了，说是共产党。

我那时候年纪小，还不懂什么共产党、国民党，我就是很气愤，这些同学平时表现很好，怎么能被枪毙了呢？我想这里面肯定有问题。

澎湃在广东的海陆丰苏维埃最终被国民党政府镇压下去，共产党的革命转入了相对来说的一个低潮阶段，有好多共产党人去了海外。

这时候，我和母亲，还有弟弟，从汕头出发，坐轮船去槟榔屿和父亲、叔叔、姐姐团聚。

这是我第一次去海外，第一次坐大轮船，轮船的名字我还记得，叫"万福士号"，是当时汕头去南洋最大的轮船。我前面说过，母亲很勤俭，买了底舱船票，睡大通铺。

船在大海中航行数昼夜，令我终生难忘的是，总有一种鱼好像是跟着船在游，这些鱼在船舷两旁不停地跃出水面，颇为神奇。

我们乘坐的"万福士号"到了新加坡港，停一天，我们没有上岸，一直待在船上。当时新加坡还没有现在这么发达，看样子比较穷。

"万福士号"是大轮船，我在甲板上玩，许多小船围着"万福士号"，小船上的人衣衫褴褛，他们冲着大船或磕头或作揖，讨饭讨钱。有些好心人就把钱抛给小船上的人，我也向妈妈要了铜板抛给小船上磕头作揖的人。"万福士号"很高，把铜钱抛下去不是都能落在小船里，落到海里的也有很多。这些小船上的人一见铜板掉到海里，敏捷得很，跳到海里，潜下去就能捞起铜钱。

我父亲当时在槟榔屿。槟榔屿是马来西亚的十三州之一，华人多在此聚居。我们到了之后，父亲送我去居林学校读书。后来我才知道居林学校有从国内来的共产党。

我在居林学校读书大概不到两年，该上初中的时候，我又回到了汕头,在大中中学念书。初中阶段,我的学习成绩很好,英文也好。

有一次英文考试,不知道怎么搞的把卷子丢了,老师看我平时英文不错,要给我 99 分。我不愿意,主动说"我再考一次"。老师把卷子发给我,一考,居然得了 100 分。

我在汕头大中中学读到初二的时候,"九一八事变"爆发。

日本关东军两个中队才多少人?向沈阳北大营开炮进攻。北大营里有进口的坦克,武器装备比日本关东军的要好得多,军官一级一级往上报告请示开不开枪?结果大家都知道,不抵抗。

全国震动呀!全民各界要求政府抗日,情绪激烈,特别是在学生中的反响之强烈前所未有。

当时南京的学生,后来是北平南下的学生请愿团在南京国民政府和国民党中央党部集会请愿的时候,把外交部长王正廷,还有北京大学的老校长蔡元培,以及南京卫戍区司令陈铭枢都打伤了。

我正在读初中,当然去不了南京,和同学们一起到汕头市政府集会请愿,要求政府抗日。

政府面对学生的抗日要求根本不做正面的答复,只是一味地说你们好好读书,抗日的问题由政府考虑。他们这是在敷衍,如此一来,发生冲突,我们要求见高级行政官员。出来的人极力阻止,我们也不让步,就往市党部里冲,结果一冲就冲进去了。当然,市党部里根本就没有能说话算数的人,他们早就跑了,我们这些学生就把市党部砸了。

等到我们抗议完了,回到学校,学校要处理领头请愿的学生,开除了 10 个同学。我也算领头的学生之一,但学校没有开除我,原因是我学习好。

我就不愿意了,我也参加了请愿,学校不能因为我学习好就不开除我。我不买他们这个账,申请退学,自动退学,以此表示抗议。

我们请愿集会要求抗日没有错,开除我们是学校的错,我退学就是因为这个原因。

当然了,30 年代初期,学校方面也不是一味地压制学生的抗日情绪,墙上也有些大标语:"还我山河"、"勿忘国耻",等等。

总之，从我少年时期开始，争取民族解放和独立，反抗日本侵略基本上成为了一代人中相当一部分人的主旋律。在这个大环境下，许多学生成为了民族主义者。

后来我到厦门大学附中读书，大概有两年时间吧。

这个时期我除了学习，还是比较关心时政的，也读了一些进步书籍，主要是小说一类的文学作品。

这时候，我也快20岁了，思考了一些问题，我认为这个国民党太腐败，搞得老百姓生活不好，还软弱无力，不去抵抗日本人的侵略。但我就是个学生，我能做些什么呢？还真有点报国无门的意思。我想学医吧，将来当了医生，给看不起病的人治病不要钱或者少要钱。这是我的理想，那时候，我对共产党或者说共产主义还是处在非常朦胧的阶段，认识不到。

1935年初夏，我离开厦门，前往北平，就读于燕京大学医学预科。

附记：

2003年4月19日，柯华和夫人张明一起来到汕头市第四中学，它的前身就是柯华当年就读的汕头市大中中学，受到了四中2000多名师生的热烈欢迎。88岁的柯华很激动，他坐在"柯华大使母校演讲报告会"的大红标语下说："我不是什么演讲，随便讲讲，哦，潮汕话忘记了……我长期在国外，把母校忘记了！"他用乡音幽默诙谐地说："我13岁的时候跟你们一样在这里读书，75年前了，那是两个时代啊！当年的四中名叫'大中'，是很有名的，很进步的，校长是从英国伦敦求学归来的郭应清，思想进步，聘请了一大批有名的教师。我能从事外交工作，得益于当时英文读得好，30年代，汕头是开放城市，店铺很多是英文，我走在路上就读英文，学得很快。后来考上燕京大学。"他还充满深情地挥笔题词："怀念大中，远望四中"。

新中国外交者宿柯华95岁述怀

救亡·北平

1935年—1937年

· 3 ·

我到燕京大学时大概是夏天，具体几月份说不准了。

这个时候在北京发生了一件大事。应该是6月10号，北平军分会代理委员长何应钦在居仁堂约见日本人高桥，答应了日本人提出的一些要求。

我当时就是个普通学生，能知道的都是从报纸上得来的消息。比如说国民政府立即停止北平市党部的工作，把51军还有中央军调离河北省，政府明令禁止排日反日活动，等等。另外就是何应钦还答应把察哈尔省的全部政府机构包括军队撤出来。

这算怎么一回事啊？中国的军队不在自己的土地上驻扎，政府机构也没了，那察哈尔省算什么？日本的殖民地吗？

我心里有疑问，但更多的是气愤。

国民政府怎么能如此做事情呢？置国家利益于何处？同学们之间议论起来，也对国民政府的政策失望透顶。

1935年7月6日，何应钦正式和梅津美治郎签订《何梅协定》。自此，中国政府撤走在河北的党政机关，撤退驻河北的国民党中央军和东北军，按日方的指定撤换中国军政人员，禁止一切抗日活动等。

1935年6月27日，秦德纯和日本人土肥原贤二签订《秦土协定》。其主要内容是：(1)驻守昌平和延庆一线的宋哲元部队调至其西南地区；(2)解散排日机构；(3)向日军道歉，处罚张北事件负责人；(4)制止山东移民通过察哈尔省；(5)从日本招聘军事及政治顾问；(6)创援助日本特务机关的活动及军事设备的建立等。《秦土协定》的签订使中国丧失了在察哈尔省的大部分主权。

真是彻底的卖国行为！

中间还有个小插曲，上海有个刊物叫《新生周刊》，发了篇文章《闲话皇帝》，日本人无中生有，说这篇文章污蔑了他们的天皇。国民政府为此发布命令，大概是6月10日左右，规定"凡我国民，对于友邦，务敦睦，不得有排斥及挑拨恶感之言论行为"。

"九一八事变"后，日本开始侵略东北三省，还搞了个"满洲国"，现在又在河北、察哈尔搞什么自治，侵占我们的土地、资源，而我们的政府竟然称呼日本是"友邦"！耻辱啊！

我在燕大，从初夏开始，没几天就能在报纸上看到政府和日本之间达成一个所谓的"协定"之类的消息，而这时候，汉奸活动也是甚嚣尘上。天津有个《国权报》，社长叫胡恩溥，还有个《振报》社长叫白逾恒，是老同盟会会员，这两个人整天在他们办的报纸上喊叫传播"泛亚细亚思想"，就是说中国和日本是一家人，日本人占了中国是好事。他们俩都接受日本人的津贴，无耻。好像是4月底、5月初，他们二人相继被人打死了，真是大快人心。但这两个人一死，却成了整个"华北事变"的导火索之一。

总之，当时中日关系错综复杂，但中日关系再错综复杂也容不得政府签订一个接一个丧权辱国的协议条约。

我认为政府再这么下去，大家不都要做亡国奴了吗？我现在学医，将来做医生给穷人看病这事恐怕没办法实现了。国家都没有了，自己成了日本人的奴隶，还当什么医生？苦恼、气愤，还有对政府的失望，这些感情纠结在一起，我觉得天都是阴沉沉的。

其实当时燕京大学许多同学对中日两国在华北的形势关心度并不是太高，我观察了一下，真正关心的顶多几十个人而已。

燕京大学当时的情况是大部分同学的家庭条件都不错，所以能上得起燕京大学。因为一学期的学费要55块银元，宿舍费要20块银元，医术费要两块（还不包括药费），算下来，一年要162块银元，比起北京大学，高了8倍。30年代中期，一块银元在北平能请五六个同学吃顿涮羊肉了。

燕京大学的同学们读起书来普遍比较刻苦，因为要对得起家里支付的学费嘛。至于说到关心时局，这个关注程度比不上关心像美国好莱坞著名女星狄安娜·窦萍最近上映了什么新片，北平五大高校篮球联赛谁得了冠军等等。多数同学考虑的是学成毕业后的个人前途，考虑国家命运的同学有，但不是太多。同学们从报纸上看到有关中日两国在华北利益方面的消息，也就是叹叹气而已。

燕京大学在1934年之前还有共产党组织，到我上学的时候就没有了，进步组织也看不到。有个"韶社"，是一群广东来的同学组织的，还有篮球队，还有一个信奉基督教的学生团体"团契"。

有一次，老校长司徒雷登在学生集会上突然哭了，老泪纵横，他说："说不定暑假以后的某一天，我们的燕京大学就办不下去了。"

当时同学们都感觉到莫名其妙。后来我才意识到司徒雷登为什么哭？他能通过美国的渠道知道许多日本人在华北的计划啊！

不过在燕京大学有个好处，你干什么都行，国民党特务少，你阅读进步书籍，发表各种看法，没有人干涉。美国人办的学校有这个好处。

我就是在这个期间从一些书籍中零星地、很粗浅地知道了一点点马克思主义常识。

比如说同学们在一起谈到日本为什么侵略中国的问题，就有同学说："因为日本国小民多，要向中国移民。"

我就向他们说说资本主义向帝国主义发展的过程，以此当做一种解释。现在想来，幼稚得很，但也是实际情况。

后来，大概到了这一年深秋，共产党的《八一宣言》在个别同学中有过传言，我也知道了，但只是传言，没看见过文本。其中有"停止内战，一致对外"这么一条，对我触动很大，很有道理嘛，国内不要再打仗了，国民党打共产党最凶，杀共产党最狠，而共产党这时候都提出只要一致抵抗日本帝国主义，共产党的红军可以加入抗日联军，放弃过去的仇恨，同仇敌忾，共产党的胸怀大呀！

另一方面，国民党政府从"九一八事变"以来推行的"攘外必先安内"的政策，说实话，这年秋天到来之前，在燕京大学的同学们心目中不是没有市场，而是市场还不小。但现在共产党的《八一宣言》一出来，百分之八九十的同学都转向了一致抗日的前提下。

1935 年 11 月下旬，燕大校园里风传日本人土肥原贤二和国民党政府酝酿什么"华北特殊化"，有的说五个省要自治，有的说两个省要自治，反正是要自治了。

在北平城里面，日本人搞了些乞丐、盲流，发钱、发食物，并准备些小旗子，游行、聚会，乱七八糟地说是代表广大民众，强烈要求华北自治。更可气的是，冀东 22 县的国府专员殷汝耕居然在 11 月 23 日宣布独立，第二天成立了冀东防共自治政府。

殷汝耕的冀东防共自治政府"首府"在通县，他在通县这么一搞意味着什么呢？通县距离北平的城墙多远？40 里，不得了啊！日本人的炮口离北平 40 里，意味着他们随时都能开过来，我们的"亡国奴"说当就当上了。

· 4 ·

燕京大学的进步学生从 1935 年 11 月底开始频繁进城参加北平学联的会议。我记得大概是 12 月 7 日，同学王汝梅（黄华）进了城。8 日，他从城里回来,说是北平学联决定明天举行大请愿活动,往新华门集中。

国民政府军事委员会北平分会委员长何应钦这两天刚到,住在中南海里,我们是向他请愿。我们不能说要游行、要示威,因为一说游行、示威,就有可能把相当一部分同学给吓住了,我们就是去请愿,联合的同学能多一些,再者"请愿"有更大的合法性。

其实王汝梅回学校后并没有立刻宣布明天进城请愿。大概到了晚上9点的时候,有同学在钟亭敲响大钟,很多同学就聚拢过来,张兆麟跳到桌子上,宣布明天去城里请愿。

积极的同学开始准备,有20多个男同学组成自行车交通队,准备在队伍两侧巡视纠察,防备坏人捣乱;女同学带上纱布、药品组成救护队,预防有同学受伤。

本来说好联系学校的校车,大家第二天早上坐校车走,好像是夜里11点左右,突然有同学跑来说校车都开到城里去了。

没有了校车,同学们就要步行进城,16里路的确有些远,天气又寒冷,有一定的困难,但这些对参加请愿的同学们来说不是困难。问题的症结在于,校车突然开进城里,说明9日请愿的消息走漏了。这可是大事,当局有了防备,天亮后的行动会有一定的危险——民国以来,政府不是没有过向学生开枪的记录,像1926年发生在铁狮子胡同的"三一八惨案",尽人皆知。

第二天早上,说好的集合时间是6点,我过去时,南操场上聚集了许多同学,至少有500多人。

好像没有谁畏惧,出发!

刚出校门没多远,还未走上公路,就在海淀镇外,一大群警察挡住了我们,显而易见当局的确得到了我们要进城请愿的消息。

领头的警察倒也不是多么蛮横,只是挡在那里。我们给他讲道理,说我们不是乱闹事,是向政府请愿,要求抗日。

领头的警察反反复复说一句话:"同学们,我也是奉了上司命令,请同学们帮帮忙,高抬贵手,回学校吧,回去就没事了。"

同学们根本就不听他唠叨,队伍往前"哗"地一冲,警察也就散开了,我们继续往城里走。

当时从海淀到城里不像现在两旁高楼林立，而是典型的北方冬季农村景象，萧索的树，飘着淡淡雾霭的农田，连行人也稀少到可以忽略不计。同学们走在大路上，激昂地高呼口号，喊得最多的口号有四句：

打倒日本帝国主义！

日本侵略者滚出中国去！

反对华北自治！

反对华北秘密外交！

平时这四句话好像同学们只是在心里喊过，真的，还从来没有像这个清晨用尽全身的力气把它们喊出来，这么多年被日本人欺负的忧愤仿佛随着口号声全给发泄了出来。

我喊着口号，不知不觉间眼泪流了下来，我是个感情丰富的人。

我随着队伍一路走下去，根本没有觉得从学校到城里有多远，转眼间，西直门城楼已可遥望了，但在高梁桥这个地方，队伍停了下来。

这次阻拦我们的除了警察，还有军队，一个个提着大刀，满脸杀气，站在桥上。

队伍中没有同学退缩，有过那么瞬间的平静，僵持着，突然就是同学们愤怒的高呼："滚蛋！""让路！"

没过多长时间，我们这支500多人的队伍来了增援的力量，清华大学的学生到了，两个学校的队伍合在一起，军心大振。

高梁桥桥头侧面有个不是太高的土墩，大家谁都没有想到，也几乎都没有看清楚龚维航（龚澎）同学是怎么跳到土墩上的，最后看到的只是她挥手的动作，听到她大喝一声："冲——啊！"

请愿的队伍几乎在瞬间冲破了封锁，向西直门进发。

终于到了西直门外，但城门紧闭，政府怕我们进城。

燕大和清华的学生们只好就地活动，一位接一位的学生轮流站在一座土台子上发表演讲，内容有控诉日军在东北的暴行的，有指责政府不抵抗的，最多的还是带领大家喊口号。

围观的市民不少，城墙上还有政府的官员在一直注视着我们。

到了下午，北平农学院有二三十个人赶来，汇入了我们的队伍。

燕大校方派来了三位教授：政治系的美国女教授毕文和万国鼐，中国教授雷洁琼。她们坐在一辆卡车上，拉了满满一车馒头来慰问我们，劝身体不好的同学，还有女同学上车回学校。但没有一个人坐车回学校，都是和来的时候一样，步行回了学校。

返回学校的途中有两辆满载着日本兵的汽车从西直门方向开过来，我们冲着日本兵怒吼："打倒日本帝国主义！"车上的日本兵悻悻而去。

回到学校，我才知道只有一个同学骑着自行车在西直门关门之前进了城，他带来了城里的情况：同学们要求见何应钦，递交请愿书。何应钦拒绝会见学生，派了秘书侯成。一个秘书能和学生谈什么？敷衍了事而已。

如此，问题来了，政府和学生之间发生了矛盾。

政府在敷衍，学生真诚地希望政府抗日，在请愿书中提出六点要求：

一、反对华北成立防共自治政府及其类似组织。

二、反对一切中日间的秘密交涉，立即公布应付目前危机的外交政策。

三、保障人民言论、集会、出版自由。

四、停止内战，立刻准备对外的自卫战争。

五、不得任意逮捕人民。

六、立即释放被捕学生。

六点要求提出来了，但何应钦拒绝见学生代表。

北京大学、法商学院、中法大学加起来有五六千人，立即改请愿为示威游行。

示威游行的路线我说不上来，这事是听从城里回来的同学讲的，反正政府动用了武器、鞭子、木棍、大刀，还有高压水龙头进行镇压，百余名学生受伤。

"一二·九"这天，我能知道的城里的情况就是上面讲的这么多。

当晚，我还有个印象最深的事情，有个同学在一块大白布上写下了一行大字——纪念我们的"一二·九"。

第二天，也就是 10 号，中午还是下午，具体时间记不清了，北京所有大中学校发表联合宣言。

这个联合宣言现在讲"一二·九运动"的资料里不大提，但我认为这个宣言很重要，主要说从 10 号开始，全市学校举行总罢课。

总罢课也有目标，从语气上和昨天请愿的要求不一样。

第一条，誓死反对分割我国领土主权的傀儡组织。

第二条，反对投降外交。

第三条，强烈要求政府动员全国抗日。

第四条，争取救国自由。

总罢课提出来以后，也不是所有学生都愿意罢课。我属于愿意罢课的学生，所以我站在教室门口，有同学来上课，我就劝他不要上课，讲些抗日的道理，争取他参加罢课活动。其他积极参加抗日救亡的同学也和我一样，劝大家不要上课，效果还不错，没有几个人去上课了，燕大的罢课活动较为成功。

我们还能收到全国其他一些地方的函电，表示支持学生的爱国行动。

可是我们学生罢课并不能阻止政府关于对日各项政策的实施，罢课的第五天——12 月 14 日，报纸上刊登了消息：国民政府定于 12 月 16 日成立冀察政务委员会。

这是个信号，说明当局根本对我们的抗日诉求不理不睬，就按他们的那个既定国策办事。

过去我觉得自己是学生，对日本人的侵略行径十分气愤，我积极参加学生运动，就是想抗日。但"一二·九"之后的几天能看出来全国各界人士都支持学生的抗日行为，只有政府当局一意孤行，之于我来说，对政府就是失望，彻底的失望！

这时候有个问题比较清晰地凸显出来，谁可以领导我们的抗战呢？既然政府要 12 月 16 日不顾民意，硬要搞什么冀察政务委员会，那我们就在这天搞一次大的示威游行。

12 月 16 日这天的示威游行明显组织得比 12 月 9 日那天要严密，不仅仅是组织上严密，因为燕大的老师也都较为支持学生的抗日救亡活动。

埃德加·斯诺，还有个老师叫夏仁德，建议我们开个新闻发布会，为学生的抗日救亡运动制造舆论，争取社会各界的支持，产生影响。

12月12日，龚澎主持在临湖轩召开了新闻发布会。

再一个需要说明的是，从"一二·九"结束到"一二·一六"游行，之间相隔一个星期，学校里的学生组织迅速地建立起来，成立了课外活动委员会，委员会下设五个机构：华北专题研究会、时事研究会、青年问题座谈会、宣传处，龚澎担任课外活动委员会的主席。

总的来说，"一二·九"是请愿，"一二·一六"是示威，有区别。

当时北平五个主要大学北大、清华、燕京、中国学院、东北大学分成五个大队，我们燕京是第五大队。大家商量好，为了防备政府又把城门关了，相当一部分学生在前一天按定好的路线进了城，住在东北大学的宿舍里。

早上，我所在的第五大队，还有清华的部分学生，在西直门被警察和军队挡住，我们冲了过去。走到阜成门时又被挡住，我们又冲了过去。行至西便门，冲起来就有些费劲了，政府命令警察在城门上别了一根巨粗的铁扛子，大家一起挤、一起撞，费了老半天劲才把城门搞开。

大概10点钟的时候，我随着游行的队伍到了天桥，大家向群众演讲，高喊抗日口号。

当时天桥聚集了一万多人，真是轰轰烈烈。

政府的反应没有我们快，警察、军队还没有来，所以天桥的集会搞得还算成功。

我印象很深的是黄敬被同学们拥上一辆电车，他用手抓住电车车窗，向群众演讲，激动人心。

天桥集会结束以后，游行队伍有计划地经过天安门、东长安街、东单到外交部街，在那里集合，抗议成立冀察政务委员会。

政府没有在天桥的集会上采取措施，那是因为我们的行动搞了它一个措手不及。现在不行了，政府指挥的警察、军队已经跟进，采取严厉措施，把前门关得死死的。

我们立即分三路走，但和平门一路被挡住了。

我是奔宣武门去的。一到宣武门，阻力太大，宋哲元把29军的大刀队调出来对付我们。

具体情况是这样的：队伍刚到宣武门，门关了，但城墙角上有个洞，清华的一个女生试图从这个小洞爬进去，给大家开门。后来我才知道她叫陆璀，很有名气的一个人，她的照片曾经被登载在邹韬奋先生主办的《生活周刊》的封面上。她被捕后，美国记者埃德加·斯诺向美国的报纸发了一条消息，说中国的贞德被捕了，评价很高，贞德是法国15世纪的女英雄。

埃德加·斯诺还有好些外国记者在我们冲击宣武门的时候都站在城墙上，用英语向我们喊话，报告他们看到的城墙内军队和警察的调动情况，还有城内游行示威的情况。西方记者支持我们学生的抗议行动。

陆璀被军人和警察抓了起来，他们用刀背砍她，用皮鞭抽她，同学们不答应了，群情激奋，斥责声、口号声此起彼伏。政府见到这个声势，只得很无奈地把陆璀放了，也同意开城门，但有个条件，城门打开，只允许我们燕京和清华的学生返校。

政府提出的所谓条件没人理睬，我们继续示威游行到下午，将近5点钟，宋哲元又把他的大刀队调来了，拦截阻挡学生。宋哲元29军大刀队名气很大，1933年3月上旬的长城抗战，国民党的关麟征、黄杰、刘勘都参加了，关麟征还受了伤，虽然英勇，但却无甚战绩，只有宋哲元的29军在喜峰口颇有斩获，他派大刀队夜袭日军，可算作局部的胜利。后来日本的《朝日新闻》做了这样的评价："明治造兵以来，皇军名誉尽丧喜峰口外，遭受60年来未有之侮辱。"音乐家麦新创作的著名歌曲《大刀向鬼子的头上砍去》，就是献给宋哲元29军大刀队的。可是现在宋哲元把大刀队调来对付学生，我们肯定吃亏。29军大刀队的那些军人用刀背乱砍一气，迅速冲散了学生队伍，几十名学生受了伤。

我因为护送受伤的同学回学校，没有被抓住。

我听说天黑以后，大街上的路灯突然灭了，早就埋伏好的军人、警察如狼似虎，拿着大刀、棍棒、鞭子劈头盖脸地殴打学生，被政府当天抓住的有400多人。协和医院见到学生受伤，派救护车出来抢救学生，也被警察拦截。

"一二·一六"的示威游行震动了整个北平城,除了政府之外,北平各行各业的群众都支持我们。

政府对学生搞镇压,连北平的人力车夫也参加到了救助学生的行动中。还有,比如说白天的时候,开豆浆店的给我们免费送豆浆。

当然,"一二·一六"的示威游行直接使冀察政务委员会没有搞成,延期成立。最主要的还是影响面迅速扩大,我前面说的那个陆璀的照片被刊载在《生活周刊》封面上就是12月21日的事情,五天以后,真快!

可以说"一二·一六"游行示威的壮举迅速传遍中国,也引起了国外的关注。具体地说,例如埃德加·斯诺对陆璀的报道让全世界都看到中国政府当局的黑暗,同时也让全世界看到了中国学生的担当和力量。

·5·

从"一二·一六"到元旦,整整两周时间,学生和政府的对峙状态改变无多,政府当局压制不住学生的爱国抗日热情,只得另想办法。

政府能想出什么好办法呢?说起来笨得很——让学生提前放寒假,以为寒假一放,学生回家,没办法再搞什么游行集会了。但适得其反,政府此举给了学生更大的天地。

什么更大的天地呢?不是放寒假了吗?正好可以走出校门,走出北平城,把抗日的宣传工作引向更为广阔的天地,把日本人对我们的侵略告诉更多的民众。

其实从12月下旬开始,我们已经开始酝酿筹备南下了。当然,酝酿成立南下学生宣传团有党的领导在里面,只是我当时不知道而已。

元旦前几天,学校正式通知提前放寒假,我立即参加了宣传团。

本来"平津学生南下扩大宣传团"叫"平津学生南下示威宣传团","示威"两个字有力度,但也有些吓人,起不到团结多数学生的作用,最后改成"南下扩大宣传团"了。

原计划宣传团要一路走到南京,然而这里面有个问题,走这么远的路,经费怎么解决?学联给了些钱,是募捐来的,没有多少,走着走着就会有好多学生交不起饭费。再有一个现实情况,天气太冷,路途过远,大家的情绪容易低落,所以初步的想法是往保定走,然后尽量坐火车去南京。

平津学生南下扩大宣传团一共有四个团:第一团是北京大学还有城内东城一带学校的学生;第二团有北师大、东北大学、中国大学、法商学院几个学校的学生;第三团主要就是辅仁大学、燕京大学、清华大学的学生;第四团是天津的学生。

参加南下宣传团的人全北平加上天津的有500多人。

我所在的三团,燕京大学的同学有50多个人,编在第二大队,大队之下是小队,我是第几小队的没印象了。

1936年1月4日,我和同学们从北平西郊蓝靛厂集合出发,经过卢沟桥、宛平县城、长辛店、良乡、琉璃河、涿县,然后往东,经过宫村到固安县。其他几个学校的学生也都赶到了固安县集合。

从北平到固安县城这一路是我第一次走出学校与中国北方的普通农民接触,在他们中间进行抗日宣传活动,其中感受最深的是一路上和同学们在一起,可以敞开心扉地谈论抗日问题,不受限制地讨论时局,怒斥政府的卖国行径。

在固安集合时发现第四团,也就是天津北洋工学院、河北法商学院学生组成的宣传团人数过少,因此合并到第一团,也就没有第四团了。然后大家商量了一个行动路线:第一团向河北霸县方向,沿津浦铁路南下;第二团经河北雄县,沿平大路走;第三团经涿州,沿平汉铁路南下,约好10天后在保定进行二次会师。只是后来路上有了情况,没有会师成。

燕京同学组成的第三团第二大队在固安马头镇休整时,我记得我们内部发生了一件事情。1936年初,在全国的抗日宣传活动中,文艺形式还不丰富,特别是歌曲,没有几首。一般情况下大家都是进行街头演讲或者演出活报剧，效果有，但并不特别火爆。众所周知，搞群众性的宣传工作，歌曲很重要。我们从蓝靛厂出发，一直走到固安县的马头镇，给农民群众反复唱的有两首歌，一首的歌名叫《时事打牙牌歌》，还有一首叫《工人歌》。这两首歌里有几句歌词不太符合当时向群众宣传抗日的现实环境，如"苏联本是共产国，自由平等新生活"，"生活像泥河一样流，机器吃我们的肉"，等等。

很明显，这样的歌让农民让老百姓听了，和抗日似乎关系不大，因此在同学中引起了争论。

本来不唱这两首歌，大家也能在一起宣传抗日；可唱了这两首歌，同学中就有人提出来："唱共产党的歌，搞赤化，和宣传抗日有什么关系？"

燕京大学的同学们思想是相当自由的，拿现在的话讲，就是都有自由精神，有人不愿意唱这种歌曲本在情理之中。大家展开辩论，主要是四小队的同学提出以后不能再唱这两首歌，而倾向于唱这两首歌的同学从各个方面甚至从国际国内的大形势上来说明唱这个歌没有什么不好。双方争执得很激烈，最后还争论到在抗日的前提下，个人的前途命运。总之，因为这两首歌，将当时燕京大学学生的思想淋漓尽致地表现了出来。

不愿意、不同意唱这两首歌的同学在双方辩论之后要退出南下宣传团，返回学校。换言之，其实就是我们这些倾向于共产主义理想的同学没有说服对方。

第二天早上，这些退出宣传团的同学要回学校了，我们都去送行，握手告别。就在大家分别之后，王汝梅一个人跑去又送了这些返校的同学十几里路。我听他回来说，他一路劝说这些同学，希望回到学校后，大家一定要团结在一起，搞抗日救亡活动。

退出宣传团的同学后来也有几个人参加了"中华民族解放先锋队"。

思想方面的转变不是一天两天能一蹴而就的，有个认识的过程，是正常现象。后来我从陈翰伯同学的一篇回忆文章中还知道个情况（因为当时我没有入党，这个情况不知道），陈翰伯说这两首歌其实是当时30

年代中期党内"左"倾"关门主义"的反映。

  1936年1月11日，我和同学们到了涿州，住到文庙里。大家在地上睡通铺，也没有带被褥，就是找些稻草铺上，当然也有些同学条件好，带了毛毯、鸭绒褥子的，是少数。晚上睡觉，文庙里没有火炉，大家都穿着棉衣，和衣而眠，谈不上什么条件了。

  到涿州后，我们二大队，主要是燕京的同学还是太少，几十个人的样子。人少了，搞任何形式的宣传活动都没有声势。开会研究后，决定找涿州当地的学生一起搞活动。然后再到乡下去访贫问苦，把日本人侵略中国的行径告诉乡村里的老百姓。

  我去了当地的一个中学，和学校一接触，学生们很乐意，积极性很高。中午的时候，一下子发动了涿州当地1000多名学生走上街头，大家高呼抗日口号，我们这些大学生分成几组进行演讲，还演出了街头剧《打回老家去》，把宣传活动推向了高潮。下午，我和几个同学去了涿州郊区的农村，当时这个地方的农村很穷，特别是冬天，看起来比我们广东农村穷得多。我去的那户农民家只有两间破房子，泥做的房子，门都关不严，里面也没有家具，织布机也是罕见之物。他们穿着棉袄，露出的棉絮也是黑黢黢地打着结。尽管农民很贫穷，对学生却很热情，给我倒热水喝。房间里也没有桌子、椅子，只能站着或蹲着说话。我和他们讲日本人侵略东北，现在还要继续来占领我们的华北，农民听得仔细、认真。也有同学到了比较富裕的农村家庭，讲抗日道理，同样得到了富裕农民的理解与支持。

  一天很快就过去了。晚上在文庙里打地铺睡觉，虽然半夜我冷得起来好几次，但心情却很舒畅，有种为抗日做了点事的小小成就感，想起上午涿州城里的热烈场面和下午在郊区农村见到的情景，觉得抗日救国的事情做不完。

  等到我们从涿州出来，走到新城县的高碑店镇时，当地政府觉得我们的宣传活动不好，开始紧张起来。

  本来计划要在高碑店再像涿州那样搞一次大的宣传活动，可我们刚一到镇上，警察、便衣队就都跑出来了。

刚开始，警察在前面拦阻我们，便衣队一会儿尾随，一会儿在队伍两侧起哄捣乱。接下来，情况就有些不妙了，警察的人数多了，把我们围起来，队伍行动不得，这时候李昌、王汝梅、于光远等几个同学在队伍前面和警察交涉，表明我们的态度：宣传抗日理应得到政府的支持，这么些警察围阻同学们正常的爱国行为是错误的。

警察态度坚决，根本没有退让的意思，还命令立即解散队伍返回学校。

双方僵持起来，围观的群众也开始越聚越多。见此情形，同学们抓住群众围观的时机，迅速冲散了围阻我们的警察，不约而同地跑到一家小饭馆里。

警察和便衣队尾随而至，先是包围了小饭馆，然后冲进小饭馆和我们厮打起来。有个警察拽着我的衣服把我往外拉，我拿起桌子上的碗打警察，其他同学也拿起砖头、碟子、筷子、凳子和警察干了起来。没几分钟，警察、便衣队就被我们轰打出去了。有几个警察肯定是上面指使的，居然点起火把往小饭馆里扔，同学们立即救火。火刚扑灭，小饭馆外面的警察"呼啦"闪开了一条路，几个警察抬着高压水枪就往我们的身上喷。

此时正是北方一年中最冷的时候，我们大多数都穿着大衣、棉袄、棉袍，水枪的压力很大，一下子就把我们从头到脚淋了个透湿，不一会儿就结了层冰。即使这样，我们十几个同学没有一个人后退，都坚持着和警察对峙。

这时候，高碑店镇有个小学校长，名字我还记得，叫赵雨三，他是在听说我们和警察发生冲突后赶来的，立即组织许多群众和学生赶到小饭馆来声援我们。警察见当地这么多群众和学生都支持我们，也没有办法，拖拉着高压水枪，灰溜溜地撤了。

赵雨三校长把我们接到小学校里休息。

下午，我们在高碑店附近的几个村子进行了抗日宣传活动。大概4点多，同学们刚刚回到住的地方，高碑店镇的警察头子带着几十个人，拿着枪，带着绳子，直奔我们住的院子。

我们迅速关上门，警察们在院子外喊叫，逼迫我们出来，扬言要抓人。

我们在屋子里唱歌，唱《开路先锋歌》，不理警察的乱喊乱叫。后来还是赵雨三校长出面和警察头子进行交涉，警察们才撤走了。

这天晚上，我们三团在一起开会，认为在当前的局势下，大家不能分散，如果要回学校，也要大家一起回。

开会的时候，警察还有便衣队的人就在外面转悠，那时的房屋也没有什么隔音设备，屋子里说什么话，外面听得清清楚楚，所以大家就用英语发言、讨论，当然是围绕着抗日救亡的主题。

抗日救亡这个事情不能因为政府的不支持而停止，要有一个长久性的组织，也就是说我们需要一个比较稳定的团体来领导同学们的抗日救亡工作。王汝梅、蒋南翔还有于光远提议成立"中国青年救亡先锋团"，全体通过。

第二天一大早，我们和赵雨三校长组织的学校师生又走上街头进行抗日宣传活动，当下募捐到200块大洋。我和同学们把募捐得来的200块大洋送到新城县政府，让他们转交，支援东北的抗日活动。

·6·

回到北平后，南下扩大宣传团的同学们讨论的最为要紧的话题是如何成立抗日团体的事情。

一个多星期后的1936年2月1日，我去北平师范大学参加一个大会，在这个会上，宣布成立了"中华民族解放先锋队"（简称"民先"）。

我是当时燕京大学最早参加"民先"的20多人中的一员。参加"民先"以后，我遇到的首要问题是抗日救亡运动的开展遇到来自政府方面的阻力比以前更大了。

当时国民政府经过我们搞的"一二·九"、"一二·一六"、南下扩大宣传团,感到了学生的力量,但这个力量对于当政者来说,他们认为是捣乱,打压的手段比以前的力度要大。

南下扩大宣传团回到学校后,就整个形势来看,学生运动处在了低潮阶段。"民先"内部达成了统一的认识:这个时期主要是在同学们中间进行爱国主义教育,积蓄力量,不搞大的行动。

"民先"是党领导的组织,对外还是"学联"。

"学联"里有党员,也有"民先"队员,每次开会总会被一些学生中的积极分子围起来,要求搞运动。他们说当前的这个形势让人憋气,必须要行动、要走上街头。他们还说在这个时候不行动,就不能打破这种沉闷的空气,学生运动的低潮谁知道会延续到猴年马月。

我给身边这些积极分子同学做了许多工作,耐心地希望说服他们,但作用不大。他们的意见多得很,有的同学向我发脾气说:"再不行动,就不承认'学联'的领导了。"

我在这个时候只能是劝说,我不能对他说我是"民先"队员,"民先"是共产党领导的。

恰好就在这个时候,大概是3月中下旬,传来一个消息,有个中学生叫郭清(曾参加了"一二·九"、"一二·一六"游行,还写过《多事的五月》、《国难时期青年学生应持的态度》等进步文章),寒假结束返校后,因为学校开除了10个搞抗日救亡活动的同学(他本人并不在开除之列),他愤然离校,和被开除的同学一起在外面借宿。有一天,郭清回学校,被指名抓起来,送进监狱,遭到严刑拷打,后来牺牲了。

郭清牺牲的消息一传出来,北平的学生全被震动了,决定为郭清开一个追悼会,地点选在北大三院。

各个学校的积极分子都去了,我去得比较早,当时加入党组织、我认识的同学像王汝梅等都没有出现在台上,党员需要隐蔽,不能暴露,活跃在台上的是学校里的积极分子,主持追悼会的也是积极分子。

我一进会场,就看到里面摆着一口棺材。其实这个棺材是空的,是一个东北的学生,姓王,他跑到棺材铺说要花几块钱租个棺材用,棺材铺的老板听了解释后也不收租金,说:"拿去用吧。"

几个同学把棺材抬到会场来了，目的当然很明显——引起大家的仇恨。

这时候，上台发言的学生语气很激昂，斥责政府的暴行，控诉日本的侵略，引得许多同学都哭了出来。

追悼会开得很成功。

恰在此时，外面传来消息，政府派军队和警察把会场包围了，还架起了机关枪，不准任何人出去。

问题严重了，追悼会总是要结束的，散会后怎么办？出去一个被抓走一个，这可不行，要立即商量办法。

北京大学的韩天石出去和军队、警察交涉，对方态度很强硬，必须立即散会。

韩天石说："你们撤了就散会。"

追悼会开完后，军队和警察还是没有撤退的意思，双方僵持下来。

因为会场在北大三院，所以校长蒋梦麟还有胡适就叫北大的学生去商量，让立即解散，不解散就给北大的学生们处分。校方也有些一厢情愿，来开会的人不是北大一家，各个学校的都有，怎么可能解散呢？

商量的结果是把挨着孔德中学的墙捅开，因为这一面军队和警察的部署比较薄弱，同学们冲出去后，抬着那个空棺材到街上去游行。

孔德中学的墙被同学们很容易地就砸开了，我举着一面大旗子，走在游行队伍的最前面，后面是抬棺材的同学和北大、清华、辅仁、东大等大学的学生，大学生后面跟着各个中学的学生。

政府镇压学生的经验看起来已经比较丰富了，游行队伍走到南河沿的时候，我看见一个警察穿着皮夹克，骑着摩托车迎面向我撞过来，我是举大旗的人，闪了一下，身边的同学立即聚拢，队伍并没有因为摩托车这么一冲而散乱。但警察从游行队伍的后面一下子就把我们给冲散了，为什么？因为队伍后面是中学生，他们年龄小，经验不足，警察用摩托车一冲，"哗"地一下队伍散了。

警察开始抓人、打人、抢花圈。我的同学柯家龙是抬棺材的，他穿了件棕色的皮夹克，目标比较明显，一下子就被几个警察抓走了。我虽然举着大旗,但我穿的是灰色大衣,队伍散了之后,目标不是太大,我迅速钻进一条胡同,警察在后面追,我看到一家人的门开着,就跑了进去,他们迅速把我藏起来,没有被警察抓走。

后来我才知道这天被抓走的学生有50多人,燕京大学被抓的有王永祺、柯家龙、王汝梅、麦佳曾、余梦燕、王令娴等7个学生,后来他们还是被释放了。

这次"三三一"抬棺游行被随之来北方主持党的工作的刘少奇同志拿出来作为一个"左"的例子教育大家,这是后话。

当天,我返回了学校。自此有将近大半年的时间,我开始认真地读了一些书。

换言之,从1936年4月到年底,北平学生的抗日救亡运动转入了低潮。当然,转入低潮并不是说就没有了活动。

我参加"民先"组织的活动,大家一起野营,组建话剧团、歌咏队到北平郊外去演出。同时做一些社会调查,并在党的领导下从事一些秘密活动,比如说在校内散发和张贴宣传抗日的传单等等。

我以前并没有写过剧本,但"民先"成立了话剧团,我当了团长。演话剧要有剧本,我们不知道从哪里能找到主题是宣传抗日的剧本,所以我尝试着开始写剧本。

我写的剧本剧情很简单,就是讲一户农民开始在田里劳动,后来日本人来了,打打杀杀,生活过不下去,最后是抗日的队伍来,赶走了日本人。

剧本写出来以后,我也没指望能有多大的轰动效果,可是一演出,大大出乎意料,效果还不错。

其实效果好不过是我这个剧本说了一个浅显的道理,日本对我们的侵略使我们中国人没法过上好日子,只有把日本人赶走,我们才能有和平美好的日子过。

我除了参加"民先"的活动,主要还是认真读书。当然,也是有目的、有选择、有组织地读书,参加读书会,组织大家阅读进步书籍。

我还在学校的图书馆读了两遍英文版的《资本论》,获益匪浅。

1936年11月，国内的抗日形势又有了新变化，最为显著的就是傅作义的绥远抗战。

绥远地区具有很重要的战略意义，它北接外蒙古，南连晋、陕两省，西接宁夏、甘肃，如果日本人控制了绥远，那么对西北、华北就彻底形成了包围的态势。

12月中旬，傅作义率军接连取得了红格尔图、百灵庙战役的胜利，使全中国为之一振，到处都是声援傅作义绥远抗战的呼声，掀起了"捐万件皮衣"、"以一日所得援绥"的运动，甚至连阎锡山都遵其父的遗训，将87万元的遗产捐给了绥远抗战。

在这个令人鼓舞的形势下，党组织动员各界人士前往绥远慰问前方将士。主演过《青春线》、《桃李劫》、《生死同心》的女演员陈波儿响应号召，以"青年妇女俱乐部"的名义，组织带领"上海妇孺前线慰问团"前往绥远前线慰问。

慰问团有演员崔嵬等人参加。到北平的时候，我见到了陈波儿，她和我是老乡。

陈波儿对我说："我组织的这个慰问团，钱不宽裕，路费、演出等等都得花钱，你帮帮忙。"

我的口袋里只有10块钱，掏出来给了陈波儿，然后我提出来和她一起去绥远慰劳前方将士。

陈波儿同意了。

去绥远，路过大青山，实在是太冷了。冷到什么地步？不敢小便，一小便能把尿冻成棍子，就这么冷，很艰苦。

到了前线，一看傅作义的部队，武器装备太差了，让人心里不是滋味。慰问团演出了由田汉根据德国作家歌德改编成独幕剧，后经陈鲤庭执笔改编成街头剧的《放下你的鞭子》，意义非同凡响，这个著名的抗战街头剧是第一次在抗日作战前线演出，极大地激发了前线将士对日本侵略者的仇恨，增强了抗战的信心。

另外，我随慰问团去了战地医院，见到了在前线作战负伤的士兵，给他们唱歌。

从绥远抗日前线回到学校没几天，我突然听同学说新闻系老师斯诺从陕北回来了。

我和几个同学相约去了斯诺位于海淀军机处8号的家，听他讲陕北苏区的一些情况。

斯诺告诉我们，他正在写一部关于陕北苏区和中国红军的书。

过了一段时间，我和龚澎还有其他同学一起到夏仁德教授家讨论斯诺去陕北的见闻，斯诺也在座。

夏仁德教授虽然是美国人，但他很不简单，不仅支持燕大学生的抗日救亡运动，而且1935年许德珩、杨秀峰、齐燕铭、徐冰等人组织文化界抗日救国会，没有地方开会，最后还是在夏仁德教授的家里开的会，连那个著名的《八一宣言》的文本也藏在他家的地毯里，我们这些进步学生才看到的。

当时中共中央北方局的负责人林枫给学生党员讲课也在他家。夏仁德教授为了支持我们这些学生搞抗日救亡运动，把家里后门包括房间的钥匙都给了陈翰伯、王汝梅、龚澎等几个人。

这次我们去他家专门看了斯诺在陕北苏区拍的200多张照片及有300呎左右长度的小电影。

看完照片和小电影，斯诺就把他写的《红星照耀中国》英文初稿拿给我们看。这些照片和小电影，包括《红星照耀中国》的英文初稿，对我来说，震动很大。对陕北苏区和红军，包括毛主席、朱总司令还有一些红军的将领有了较为深切的、直观的认识。

为了让更多的同学了解陕北苏区、了解红军的情况，我们以"新闻学会"的名义，举行了一次由斯诺亲自担任解说的看片活动。

那个时候，国民政府对陕北苏区和红军的消息封锁之严密，现在来看简直无法想象。

斯诺拍摄的照片和电影活生生地记录了真实的红军，对在燕大读书的学生来说，冲击力可想而知。

通过斯诺这个渠道，我和其他在燕大读书的同学心里都有了去陕北的念头，非常想去亲眼看看。而1937年初春，要从北平到陕北苏区并不方便。路途遥远不是太大的问题，再远也能去，关键是陕北苏区不是谁想去就能随便去的。就像斯诺去苏区，那是准备了好几年的结果。斯诺大概在1932年的时候就差点去了苏区，但苏区和他联系的人在最后时刻竟然失踪了，没去成。

斯诺之所以能最后到达陕北苏区，关键是他当时就已经是一位闻名世界的新闻记者了。

去陕北苏区之前，斯诺和英国的《每日先驱报》，纽约的《太阳报》，还有著名的出版商斯密斯公司及哈斯公司都签订了合同，人家预付了他2500美金作为稿费。

斯诺这个著名记者的"著名"可不是一般意义上的"著名"，从稿费上就可以看出他的影响力。从20世纪30年代至40年代，斯诺仅从一家报纸《星期六晚邮报》就获得了25万美元的稿费。

再有一个原因，张学良和中共在那个时候已经打通了封锁线，斯诺也获得了地下党徐冰写的介绍信，还有刘少奇委托柯庆施亲自写给毛主席的信。

可我在1937年初的身份是什么呢？燕京大学的普通学生，"民先"的一名队员，我有去陕北苏区的想法，要变成现实，还要付出相当的努力。

通过"民先"的组织，燕京大学决定组织前往陕北苏区的参观访问团。

消息一出来，"民先"内部报名的人不少，但最后决定不能谁报名都可以去，一次去那么多人，过关卡时很容易引起政府方面的注意，被政府注意了，那就谁都去不成了。最后决定由10个人组团，我有幸成为10个人中的一个。

4月初，准备出发了，我们都把自己打扮了一番，穿着上更时髦一些，要有些洋学生远足旅游的意思，还打旗子，旗子上写着"燕京大学学生旅行团"。

如此一路到了西安，没有引起来自政府方面的麻烦。

西安这时候有红军的办事处机构，联系上以后，安排我们先去三原县，那里有红军的部队，部队有汽车去延安。

我们10个学生被安排坐红军的汽车走。

1937年4月,燕京大学"民先"组织的延安访问团成员合影(前排左一为柯华)

三原县到延安的路不好走,公路修得差,不断地翻山,一路颠簸,风尘仆仆,三天还是五天才到延安。

一到延安,我们被安排在招待所住。

黄华跑来看我们,我们见到他很激动、很高兴,他比我们早半年,是1936年陪着斯诺来的陕北。

后来斯诺因为1936年8月底胡宗南的部队从河南郑州往西安、兰州调动,朱德和红四方面军要与贺龙、任弼时率领的红二方面军会合,国民党中央军要趁红四、红二方面军立足未稳时进行围剿,把陕北通往西安的公路截断了。

斯诺必须尽快离开陕北苏区,而黄华留了下来,在红军总部工作。

黄华和我们谈了很久,介绍了许多陕北苏区的情况。最让我们意想不到的是,黄华说毛泽东主席第二天就要见我们。

我们把在学校时通过斯诺的电影、照片看到的红军的情况一一说来问他,黄华还彻夜给我们讲了他听来的红军长征的故事。

第二天下午4点左右，黄华陪着我们从招待所去凤凰山见毛主席。

和毛主席见面后，黄华逐一把我们10个人介绍给他，毛主席一边和我们握手，一边说"欢迎你们到延安来"。

毛主席说："能在延安见到北平来的学生很高兴。"

坐下来后，毛主席见我们还有些拘谨，就笑着说："希望以后能经常见到从大城市来的大学生，欢迎大学生到延安来参观访问，了解红军，了解共产党。"

和毛主席初次见面，能感觉到他对我们这10个20岁左右的年轻学生的欢迎不是一般性的客套，很真诚。

本来我私底下有个想法，毛主席待在陕北苏区，国民党封锁得又很严，可能他不了解或者很想知道华北军事、政治方面的情况，见我们从北平来，肯定要问这方面的情况，所以我还做了一些准备。但出乎意料的是，毛主席并没有问华北的军政情况。

毛主席问了什么呢？毛主席问我们在北平怎么搞学生运动，问新学联和旧学联的事情，围绕着"一二·九运动"前后的情况。我们尽自己所知向毛主席汇报了北平学生运动的情况。

之后，毛主席讲了他对北平学生运动的看法，评价相当高。后来毛主席在1939年纪念"一二·九运动"的讲话中专门进行了评价，其中的许多内容就是当时他对我们10个人讲过的，比如说"一二·九运动"是伟大抗日战争的准备，这同"五四运动"是第一次大革命的准备一样等等。

毛主席对"一二·九运动"的评价让我们激动不已，受到了极大鼓舞。

我见毛主席问完"一二·九运动"的情况后，还没有问关于华北军事、政治局面的问题，我就问他："您说中国的抗日战争到底能不能打起来？"

毛主席看看我，回答说："中日战争，我看三个月内就要打起来。"

果然，四个月后的1937年，"卢沟桥事变"爆发，中国进入了全面抗战阶段。

接着毛主席具体地给我们讲了日本在华北的军事部署，以及他预计的日本军队下一步的动作，讲得详尽透彻，包括国民党方面在华北的军事主官的情况，日军军事主官的情况，毛主席都是了如指掌。

因为我们是学生，在北平的时候见过日本兵，平时从报纸上还有其他一些渠道知道日本国力比中国强得多，心里明白仅仅凭抗日的热情，中国要获得反侵略的胜利不容易，有些困惑。

旁边一个同学接着问毛主席："我们中国和日本两国国力悬殊，中国怎么才能打败日本？全面和日本开战，应该如何打？"

毛主席说："我们要有持久抗战的心理准备。"

对于为什么要持久抗战，毛主席讲得深入浅出，条理清晰，我佩服得不得了。

我心里的困惑消除了，对中日战争未来的结局，因为毛主席的一番话，我心里有种踏实的感觉。

毛主席给我们讲完这些，已经是晚上八九点钟的样子了，他问我们还有什么问题。当时，"西安事变"刚刚过去三四个月，国共正在谈判，我最关心，其他同学也关心的大问题是共产党和国民党的谈判能不能谈成。

众所周知，国共两党打了 10 年仗，国民党杀共产党人不是一个两个，之间的仇恨，即使作壁上观，用"血海深仇"来形容也不为过。

再说国民党的腐败在当时很多人感触颇深，不仅腐败，蒋介石看起来还迂腐。比如蒋介石制定的那个什么"攘外必先安内"的国策，日本人都把刀架到脖子上了，国民党还要消灭红军，耗费中国的国防实力。

我问毛主席："国共两党到底能不能联合？应该怎么联合？"

问题很大，毛主席的口气显得很轻松，他说："今天谈得晚了，你们还要休息。关于和国民党蒋介石联合抗日的问题，我今天就不讲了。"

说完话，毛主席亲自给我们每个人发了票，"过两天凭这个票去参加一个会议。这几天在延安多看看。"

毛主席最后和我们告别时说："过两天开会，我也参加，在会上要专门讲共产党与国民党合作的问题，也就是抗日统一战线的问题。"

我们是第一个从国统区到陕北苏区的大学生参观访问团。除了见到毛主席，其他苏区领导人和红军将领也跑来看我们，问我们有关北平的情况。

陈赓当时不在延安,他从外地专门跑回来看我们,让我们谈学生运动是怎么搞起来的?中间的过程是怎样的?现在北平的情况怎么样?

还有林伯渠、张闻天、朱德、董必武等,除了周总理和叶剑英去庐山与蒋介石进行谈判,在陕北苏区的领导们无一例外地和我们都有交谈,而我们主要是问红军将领还有苏区领导人从中央苏区到陕北苏区长征的过程。

因为有了这些话题的交谈,使我认识了一个崭新的世界:红军官兵间的平等,生活中的民主,实现理想过程中百折不挠、不畏牺牲的精神,让我对共产党、对红军颇生神往之情。

这天晚上,我和同学们被邀请去参加一个晚会。因红军进驻延安城才几个月,没有像样的礼堂,晚会在一个类似于礼堂的大房间里进行。重头戏是一出话剧,讲保卫马德里的故事,主角由廖承志担任,还有其他人。

苏区的很多领导和红军将领都来了,很热闹,气氛不错,以前我没有见过这种情况。

毛主席也来看演出,观众们整齐地鼓掌,整齐地喊:"毛主席来一个,毛主席来一个!"

来一个什么呢?是让毛主席给大家唱一首歌。

有人领头鼓掌,领头喊叫。

不仅仅是对毛主席,对其他人也都是这样——某某某来一个,很有意思。

在学校或者在其他场合,对领导人、长者,我没有见过这种情况,我觉得这就是共产党的民主,官兵平等,充满朝气。

除了和苏区的干部、战士观看晚会之外,我们还和他们进行篮球比赛。匆匆几天过去了,在我们离开陕北苏区之前,毛主席和我们又见了一次面。

我向毛主席提出来要留在陕北,但他没有同意。

毛主席说:"北平已经是抗日前线了,你和同学们应该到抗日前线去,

1936年夏，柯华回家乡向林廷升（左）和林廷朝（中）介绍"一二·九运动"情况，宣传抗日救国。后柯华介绍二人参加了燕京大学组织的第二次学生赴延安访问团

红军也要到抗日的前线去。你们北平大学生现在的一举一动对全中国的抗战来说都有不小的影响，你们在北平的作用大得很，能起到表率作用，我们共产党是你们北平学生最忠实的朋友。"

听毛主席这样说，我也觉得应该尽快回到北平，继续从事抗日救亡活动。

我又提出和毛主席合影。

毛主席婉言谢绝，他告诉我说："你们现在要回北平，和我照了相，万一被国民党查出来，对你们就不利了，甚至可能会有危险。"

我们10个人在延安待了一个星期左右，便原路返回北平。

我们回到北平之后，燕大又组织了一批同学去延安参观访问。这次我介绍了两个老乡，一个是林廷升，再一个是林廷朝，他们两个人后来都参加了革命。

从延安回到北平两三个月的时间吧，华北地区中日之间的关系更趋紧张，剑拔弩张，局势险恶。

1937年4月23日，我和其他三个同学（一个男同学，两个女同学）假扮成谈恋爱的学生，到通县去踏青，实际上是侦察日军的动向。第二天，日军在通县展开了3000人左右的军事演习。

4月25日，日本军队又策划东蒙的伪军再次向绥远傅作义部发动进攻。到了 5 月，日本关东军司令植田谦吉和内蒙古的德王见面谋划蒙西。旋而日本华北派遣军增兵热河省。6 月初，日本华北派遣军成立"临时作战课"。

我作为普通学生，也嗅得出中日两国大战来临前的火药味了。

1937 年 7 月 7 日，"卢沟桥事变"爆发，全面抗战开始。

从 1937 年 7 月 7 日"卢沟桥事变"爆发到 7 月 29 日北平沦陷，22 天的时间里，我和同学们随着战势的一日三变，紧张地从事着慰问前线作战官兵的工作。

日军攻陷卢沟桥，并没有一下子打垮我们，担任卢沟桥防卫任务的是吉星文部，他是抗日名将吉鸿昌的侄子，在当时很有名气。从 1937 年 7 月 7 日开始，吉星文率部在卢沟桥坚守了 20 多天。

我参加了燕大慰问团，我们应该是 7 月 21 日去的卢沟桥。

在前线，我见到了吉星文。我将一个西瓜递给吉星文，他举起大刀，"咔嚓"一下把西瓜切开，同时说："把日本鬼子的脑袋砍下来。"

慰问完卢沟桥的守军，没过几天，7 月 26 日，吉星文的部队就换防了。

换防数小时后，卢沟桥失守，日军的进攻态势骤然猛烈。

7 月 28 日，"民先"派我到南苑机场去看看日军进攻南苑的情况，并要拍一些照片带回来。

从学校到南苑有几十里路，我一大早起来，骑上自行车往那里赶，一路上都能听到炮声。

到了南苑机场，奇怪得很，中国的部队连影子都看不到了，南苑外围阵地已经被日本兵突破占领，偌大的机场空落落的，一片死寂。

我赶紧拍照，刚刚拍完，突然，我发现一队日本兵从机场跑道那边开进来，我立即骑上自行车，顺着跑道从机场另一侧的大门飞奔回学校。

当天晚上，枪声零落。

第二天天亮时分，枪炮声戛然而止。

当日《大公报》《北平时报》的头版大标题是《宋哲元走保，时局急转直下》。

北平的大街小巷四处张贴着日军司令香月清司签署的安民告示，说什么要把北平建设成"模范治安区"。

就此,北平沦陷。

· 7 ·

1937年夏天,中日战端一开,北京大学、清华大学这些国立学校根据战事的发展,迅速撤往大后方。

燕京大学老校长司徒雷登反复权衡,经美国燕京大学托事部同意,留在北平。

燕京大学留下来有一定的道理。北平沦陷之前,虽然燕京大学是美国人办的学校,但除了悬挂校旗之外,还悬挂青天白日旗。

日军占领北平后,学校开始挂美国旗,表示这是美国人的势力范围,有点像上海沦陷后西方国家的租界,但我认为其中的文化意义相当大——燕京大学从1938年开始到1941年12月7日"珍珠港事变"爆发,每年都在扩大招生数量,原来800人,扩招400人,共有1200人,这个扩招政策给整个中国沦陷区的青年留下了一块可以选择不接受日本奴化教育的飞地。

因为燕京大学留在北平,大部分学生都继续了学业,但是已经参加"民先"的同学,有相当一部分选择离开学校,放弃学业,参加抗日工作。

毋庸置疑,学校是一种组织形式,"民先"更是一个组织,是中国共产党领导下的抗日组织。北平陷落后,中共中央北方局提出了一个口号:脱下长衫到游击队中去。

我是"民先"队员,随"民先"总部先到天津,然后坐船去烟台,再经济南撤往武汉。

自此,我离开了生活了两年的北平。等到17年后,我再和北平相见时,它已经改称"北京"了,是中华人民共和国的首都。

从北平到武汉，一路撤退的景象难以忘怀。

"车辚辚，马萧萧，行人弓箭各在腰。"谈不上极度之混乱，当然也看不出政府组织之秩序。

烈日如火，在难民中、在开往山西战场的军队中，在城镇、在乡村、在公路边、在田野中，到处都成了我们南下撤退途中宣传鼓动抗日的讲台。

到烟台时正赶上溽热天气，我还下海去游泳。

整个撤退途中，我们最关心的当然还是前方战事，个人前途、家国命运在战争时期被彻底地捆绑在一起。

报纸、广播、各种民间口头传闻是获取消息的渠道，而几乎所有消息都令人沮丧，国土接连沦陷，日军攻城掠地，节节胜利，令人备感国家之贫弱。只是在听到几个国民党高级将领像郝梦龄、赵家琪壮烈殉国的消息时，精神方有一振之感。特别是郝梦龄，毛主席对他的评价很高，说他是"崇高伟大的模范"，证明了"中华民族绝不是一群绵羊，而是富于民族自尊心与人类正义心的伟大民族"。

尽管有郝梦龄、赵家琪这样的民族英雄在华北战场拼死抵抗，但整体上对日军的确是斩获无多。

我从烟台往济南去的时候，"八一三淞沪会战"开始了，政府倾其精锐与日军在上海长三角地区进行殊死搏击。

直到9月，虽然我始终关注着共产党军队的动向，但了无战事消息，只看到一则报道说，8月25日，红军已被改编成国民革命军第八路军。

10月初，山西前线捷报飞传，八路军第115师于9月25日在平型关伏击日军，聚歼日酋千余。

其时，我刚刚到武汉，正好看到的是国民政府逆长江而上，向四川进行战略总撤退的景象。在此心情愈加沉重之时，闻此消息，从7月初到9月下旬，两个多月，中国军队开始全面抗战以来，出师不利的郁闷随即烟消云散，精神大振。

经此一役，击穿了坊间流传的日军不可战胜的神话。

与此同时，国民党军队鏖战两个多月的"淞沪会战"接近尾声，这一役和共产党领导八路军打的"平型关伏击战"胜利的消息,促使我面对时局,思考一些很现实的个人前途问题。

其实在中日战事甫开之际,每个人都面临着命运的抉择,是加入到国民党领导的抗日工作中去,还是加入到共产党领导的抗日工作中去?国共两党抵御外辱联合抗日争取中华民族独立解放的目标是一致的,但具体到个人还是要有一个选择。

不可否认国民党军队在抗日战场上不怕牺牲、英勇杀敌、艰苦卓绝,但像华北的"忻口会战"、华东的"淞沪会战",集结近百万的中国最精锐的国防军与日军对决,却以失败告终,实在令人扼腕。

国民党军队中有些高级将领的行为也让人感到不可思议。比如说"淞沪会战"时,国民党71军军长兼87师师长王敬久,他的部队对日作战不可谓不英勇顽强,一度攻入上海日租界,差点把日本海军陆战队司令部打垮。恰恰在这个时候,王敬久却给张治中打电话,说部队很疲惫,需要休息一下,想不到张治中居然同意了,从而错失战机。等到王敬久的部队休息好了,日本军队一个反冲锋,他的部队就垮了。后来,张治中后悔得不得了。更为奇怪的是,王敬久把指挥机关搬到租界里,他拿电话遥控指挥部队作战。

还有离奇的事情,当时国民党聘请德国很有名气的军事家亚历山大·冯·法肯豪森做军事顾问团团长,中国的对日作战总战略蓝图就是他搞的,很有想法、很有能力的一个人。他是真心帮助中国人抗日,曾经担任德国驻日本大使馆武官,对日军有相当的了解。他主持长江江阴要塞的布防,淞沪线、吴福线、澄阴线的永久性国防工事也是他和张治中一起搞的,号称东方的"兴登堡防线",固若金汤。但"淞沪会战"一开,这些永久性工事被日军转瞬间突破,为什么?

原来负责具体施工的国民党政府中的一些人把这些永久性的国防军事工程层层转包,官商勾结,偷工减料,使永久性的国防工事成了豆腐渣工程,成了埋葬中国军人的棺材,导致日军将中国军队聚而歼之。

国民政府中一些人官商勾结的腐败行为在"淞沪会战"这一中日两国之间生死存亡的大决战中得到了充分的印证。

整个"淞沪会战",牺牲了当时中国武器装备最精锐的25万军人,伤毙日军9万余人。

除了中国和日本的国力悬殊之外,国民政府自身存在的问题,让普通的年轻人不由得不去思考。政府内部,派系之间的争斗并不因为战争而有所收敛,冯玉祥任第三战区司令,负责"淞沪会战",到任月余,即被调走,蒋介石全换成了黄浦系将领。

当然,我不是说中央军黄浦系将领抗日不积极,他们许多人都是名垂青史的抗日英雄,甚至有许多人为抗击日本人的侵略献出了生命。我是说,在这种超大型的军事会战中,临阵换将,足以能看出蒋介石作为最高统帅,不要说战略眼光,就是简单的战役战术都有问题。

而我们年初在延安,毛主席接见我们,听他在窑洞里给我们几个青年学生讲抗日的前途,阐述中日战争的战略思想,那才叫高瞻远瞩。更何况我在延安亲眼见到、接触到了共产党领导的民主、富有朝气、经过了二万五千里长征,从高级将领到普通一兵,依然保持旺盛战斗力的红军。

我认为我要参加到抗日的洪流中去,就必须参加共产党领导的八路军,这是一支能打败日本人的军队。

"淞沪会战"硝烟散尽之时,1937年11月中旬,经组织介绍,我离开武汉,前往临汾参加八路军。

新中国外交耆宿柯华95岁述怀

西北
1937年—1954年

· 8 ·

这时候,八路军总部正在临汾的马牧,这是一个不太大的普通的北方乡村。

总部机关设在马牧马二村村子中间一个姓徐的大财主家,这个徐家大院开阔得很,青砖铺地,房间众多,坚固结实,颇有晋商大宅院的味道。

因为此前太原失守后,北方局、牺盟会总部、八路军驻晋办事处、山西省委等好多单位也都转移到了临汾,这里俨然就是华北抗战的中心。

从武汉或其他城市来临汾参加八路军的年轻人中,学生居多,他们大部分先到距离马牧不远的刘村,那里有个八路军总部学兵大队,1000多人在那里学习,很著名的《游击队之歌》"我们都是神枪手,每一颗子弹消灭一个敌人,我们都是飞行军,哪怕那山高水又深"就是贺绿汀在刘村创作的。

组织上让我到八路军总部政治部宣传部报到,当时的宣传部长是陆定一,他还兼政治部副主任。接洽完组织关系，陆定一部长很快就找我谈话。

我搞不清楚为什么陆定一见我之后对我的名字很感兴趣，当时我叫"林德常"。

陆定一问我："你能不能改个名字？"

我很纳闷，问陆定一："改成什么名字？"

陆定一沉吟着，显然他也没想出来让我改个什么名字。

我就问陆定一："为什么要改名字？"

陆定一说："你父亲在马来西亚经商，你有海外背景，将来万一做华侨方面的工作，你这个名字不合适。"

我听后还是搞不懂自己的名字为什么不适合做华侨方面的工作，但我也不太好说不改名字，就说："名字……我改上一半行不行？"

陆定一随口说："可以。"沉吟了一下又说："你就把姓'林'的'林'字去掉一半的'木'字，再加个'可以'的'可'，姓'柯'。"

我也就接着说："名华，柯华。"

原来改名字也不是多么难的事情，瞬间即敲定了，陆定一高兴，我也高兴。

本来我们俩都坐着说话，这时候，他站起来，用手指捏住我的鼻子，大声地叫我了一声："柯——华！"

自此，我开始改名叫"柯华"，直到现在，已有70余年了。

我在八路军总部宣传部主要是从事战地记者的工作。

参加八路军之前，我没有做过记者工作，文字工作也很少做，就是在"民先"的时候写过一个剧本。现在组织上分配我从事战地记者的工作，我还是欣然地接受下来，以前就会照相，自己有一台照相机，胶卷也有一大包。再就别无所长了。

第一次采访，我去的是115师，115师师部距离总部机关不远。

115师打完"平型关伏击战"之后，"忻口会战"失败，太原失守，115师打下曲阳县城之后，就转移到了临汾地区进行短暂的休整。

我到师部，领导很重视，师长林彪请我吃饭。虽说是指挥了平型关大捷的林彪师长请吃饭，可毕竟是战争时期，炖一只鸡就算很丰盛了。

吃饭的时候，林彪的话也不多，简单地闲聊几句。

吃完饭，我说："我还是要下部队采访。"

林彪说："好，我送你。"

林彪好像有什么事，站起来，也不说话。

我说："我走了。"

林彪说："送你一支枪吧。"

参谋把枪拿来，我一看是卡宾枪。

林彪说："这个卡宾枪是平型关战斗中缴获日军的。"

当时卡宾枪在部队绝对是个稀罕物品，不论是日军，还是八路军，能配卡宾枪可真不容易，但我现在居然有了一支，太高兴了。

这支卡宾枪我带在身边30年，"文化大革命"的时候被抄走了。

后来，不论是林彪红得发紫，还是叛逃后，我基本上不大提起这支卡宾枪的出处，我只是觉得当时八路军的领导很重视记者工作，对从大城市来参加抗日的知识分子比较重视、爱护，所以这个时期工作起来，心情相当地舒畅。

我下部队，和肖华一起的时候多一些，他是115师政训处副主任。

我俩经常一起去343旅，后来肖华到343旅做了政委。

我记得有一天，一个规模不是太大的战斗打响前，肖华和我在686团，就是李天佑当团长的那个团。

部队要发起冲锋了，我和肖华干什么呢？

这时候，炊事班蒸出了一大筐馒头，我就和肖华抬着大筐，给每个全副武装的要冲锋的战士发一个馒头，战士们接过来，吃着热腾腾的馒头，说："吃一个馒头，消灭一个日本鬼子。"

当然，有的战士吃完热馒头就永远地倒在了战场上，成为人生中最后一个馒头。

我在八路军总部宣传部从事战地记者工作的时间不是太长，主要是跑115师，写了几篇战地通讯，相继发表在西安的《西京日报》等报纸上。

我到临汾大概一个多月后，有一天陆定一见我从下面的部队回到总部，问我："你知道不知道？"

我很纳闷，就问："我知道不知道什么？"

陆定一又问："你知不知道八路军缺书？"

我一想，平时在部队倒是真的没有见过几本书。

我说："是缺书，平时干部、战士作战、训练之余确实没有什么书可看。"

陆定一说："我记得你是从武汉来临汾的，对武汉熟悉，你尽快去趟武汉，给八路军买上一批书。"

我问陆定一："都买些什么类型的书呢？"

陆定一想了想说："那就买些文艺作品吧，小说、诗歌什么的，尽量多买些。"

我放下手头的工作，把陆定一批的800块钱领出来，这算是大数目了。

我和在343旅686团做新闻工作、燕京大学的同学陈应镠一起去武汉买书。

我俩到了武汉顾不上干别的什么事，抓紧时间采购图书。书都买齐了，要返回临汾时，陈应镠突然说让我先一个人先回去。

我问他为什么？

陈应镠解释说："来武汉这几天，我碰到了女朋友，俩人商量好要到后方去结婚。"

我劝了两句，但陈应镠的理由也充分，结婚嘛，我总不能硬拽着他回部队，不叫他结婚，我只得一个人带着书返回临汾。

后来，60年代初，陈应镠在上海得了病，很严重，我恰好去上海出差，去医院看他，他躺在病床上，瘦得不像样子，和我一起参加八路军时的样子差距太大，我看着很伤心，说了一会儿话，我就走了。没过多久，他便去世了。

我从武汉买书回来，向组织上说明了陈应镠要和女朋友结婚的情况，组织上也没有说什么。

这时候是1938年2月下旬，八路军总部要往太行山里转移。

组织部门通知我，不随总部转移，让我到延安去学习。

从临汾去延安交通不方便,没有车,只能步行,中间还有日本人的封锁线。

我带着组织上开的介绍信,穿着缴获的日军军大衣,背着卡宾枪,带着照相机,提着箱子(里面有很多胶卷),上路了。

走了没多久,我就碰见三四个也在赶路的八路军。

我问他们:"你们到哪儿去?"

其中一个人说:"去延安。"

我说:"我也去延安,一起走吧。"

一起走了一会儿,我问他们中很像领导的那个人:"你是做什么工作的?"

他说:"我叫刘少奇。"

我听说过刘少奇,他是北方局的领导。

刘少奇问我:"你在八路军干什么?"

我说:"我是八路军的记者。"

然后就没有什么话说了,只顾赶路。

从临汾去延安沿途经过的大部分是山地丘陵,路上很容易碰见野鸡。

我带着卡宾枪,开始试着打野鸡,没想到我的枪法还真不错,一枪一只,很准。

晚上各自住下来,我把野鸡做成红烧味的,我一个人吃不了,给刘少奇他们几个人多一些。

第二天早上,我就清炖野鸡,大家一起吃。

到了延安之后,我去总政治部问我分到哪里学习,说让我去"陕北公学"。

我在总政治部碰到一个人,和我能谈得来,他叫李卓然,是西路军的工委书记,这时也是从新疆回到延安不久,正向中央和军委汇报西路军的情况。

最后,李卓然说:"如果有机会,希望你以后到我那里工作。"

我当时并不知道他在哪里工作,所以也没有放在心上。

我要去陕北公学学习了,估计自己带的一大堆胶卷用不上,刚好碰到徐肖冰，他照相，就都给了他。后来，徐肖冰成为著名的摄影家。

陕北公学的校长叫成仿吾，他是党内的老同志，也是长征时期唯一的教授，大学问家、大教育家。后来，他先后担任东北师范大学、山东大学、中国人民大学的校长。

1938年4月1日，我参加陕北公学第二期学员的开学典礼，再次见到了毛主席，他来给我们这些学员作报告。

我刚到陕北公学，就听到学员中有人议论，发牢骚，说大老远跑到延安，也没学到什么，就是学会个爬山而已。反正是有意见，至少是有些想法。

当然，有意见很正常，陕北公学的学员来自天南海北，哪儿的人都有，海外的华侨子弟也不少，连国民党的一些高级官员的子女也有来的，像邓宝珊的女儿。

虽说年轻人跑到延安，进入陕北公学是为了抗日，三分军事，七分政治，学习革命理论，但陕北公学各方面条件的确不好，拿现在的话说，就是办学的硬件太差。没地方睡觉，只能自己挖窑洞，好不容易住进窑洞，五六个人睡在里面，翻个身都感到困难。每天有小米、土豆吃就算很不错了。至于教学条件，更谈不上了，露天上课，把晚上睡觉的被子打成背包，放在地上当小桌子。这些物质上相较来说十分艰苦的条件使学员中流传一些牢骚话当属正常。

这些在陕北公学学员间流传的牢骚话引起了毛主席的注意，我大致还能记得毛主席在开学典礼上作报告时讲的话："有人说来陕北公学学不到什么，就学会了爬山。我看呀，还是先爬爬山的好，马列主义是头，爬山主义是脚，这是理论指导实践，理论与实践相结合。在这个意义上，爬山主义也是马列主义，不先爬爬山，怎能在中国实现民主政治？"

毛主席还告诫我们："不要搞升官发财，不要搞贪污腐化，不要消极怠工，要讲真话做真事，要不怕牺牲。在前进的道路上会遇到一些大石头，也许会碰掉同学们的牙齿，要流血，但不要哭着脸，要把血抹一抹，牙齿掉了别管它，动摇了拔掉，最关键的是，不能忘记坚定的政治方向和艰苦的工作作风。"

后来，毛主席对陕北公学评价极高："中国不会亡，因为有'陕公'。"

毛主席在陕北公学开学典礼上所作的报告对我影响很大，"讲真话做真事"指导了我的一生。

开学典礼过去连一个星期都没到，毛主席又来到学校给我们作报告，讲国共合作问题，还讲了一些其他问题。当时"武汉会战"在即，陈独秀在报纸上发表了个人观点："如果汉口丢了，中国就要亡国。"

毛主席对我们说："这是放屁！"

逗得我们都笑了。

毛主席接着说："中国的大城市丢了，铁路线丢了，只能叫亡城、亡路。"

总之，在短短一个多月的时间里，毛主席给我们作了好几次报告，由此可见毛主席对"陕公"的重视程度。

5月7日，我们第二期学员举行毕业典礼，毛主席又来作报告，给我们讲张国焘跑到武汉的事情，然后勉励我们，要求我们记住要坚决奋斗，不怕困难，不开小差儿，不学张国焘。

本来从陕北公学毕业后要分配工作，但成仿吾校长把有海外背景的30多个学员组织起来，成立了宣传团，由一位姓马的同学当团长，他是共产党员。

我们这个宣传团可不是一般的宣传团，成仿吾校长让我们利用关系，去海外搞抗日宣传活动。

路上，大家对即将展开的走出国门宣传抗日的积极性很高，只是对马团长的工作不满意，议论着要换人，他不能当团长。

那就选举吧，结果没想到大家选我当团长。

我当上了宣传团的团长，带着大家到西安，然后坐火车经洛阳直奔武汉，那里有八路军办事处，办好手续就出国。

从1937年春天我第一次到延安，至今见了许多党的领导人，就是周副主席我没见过，现在到了武汉八路军办事处，我就向办事处的同志提出来，宣传团出国前能不能安排一下，让我们见见周副主席。

这时正是1938年6月上旬，日军刚刚占领安庆，"武汉会战"打响了，周副主席兼任国民政府军事委员会政治部副部长，除了搞统一战线的工作之外，正在和蒋介石交涉中央书记处批准的关于陕甘宁边区政府以及八路军扩成三个军等具体事宜，还要领导国民政府军事委员会政治部分管的三厅等工作，可谓日理万机。

我想周副主席那么忙，恐怕没有时间接见我们。但出乎意料之外，周副主席很快赶来看我们。

我向周副主席介绍说："我是团长，我们这个宣传团要到国外去宣传抗日。"

我说话的时候没有太注意周副主席的表情，其实他听着听着便皱起了眉头。

我接着说："我们还要到国外去宣传共产主义，我们还要……"

周副主席突然打断了我的话，严肃地说："你以为到海外搞宣传那么简单？共产党到海外宣传抗日？你怎么把问题想得这么简单！简直是乱弹琴！你跑到海外去宣传共产主义思想？幼稚，思想简单！回去，立即回去！你们给我立即回延安！乱弹琴！"

周副主席说完话，转身就走。

我第一次见周副主席，被他劈头盖脸地批评了一顿，只好悻悻地带着宣传团匆匆折返回延安。

回到延安，组织上安排我去"抗日军政大学"学习。

我在"抗大"学习的时间和在"陕公"一样，不长。

"抗大"的条件和"陕公"差不多，军事学习和"陕公"相较，比重大得多。

我所在的"抗大"的这个大队主要是训练连级干部，不是说"抗大"毕业了能当什么大官，就是当连长。我有几个同学毕业后到前线打仗牺牲了。

在"抗大"学习期间，我的表现好，当了班长。当时一个班10个人，睡一张大炕，我就睡在最外面。同时我还担任连队列宁室主任，"抗大"的每个连队都有列宁室，列宁室就是个小小的图书馆。

1938年秋天，我入了党，当时入党也没有什么复杂的仪式，很简单，墙上挂一面党旗，有个人领着你宣誓一下。

我的入党介绍人有两个，后来他们都牺牲了。

我很快从"抗大"毕业了，但没有分配工作，还是继续上学，去"中央党校"。

我在中央党校学习的时间就比较长了，有一年多，要到1939年底才毕业。

中央党校不是什么人都能去学习的，但当时我是怎么去的，好像应该符合一些条件吧。我们在中央党校学习马列经典著作，主要是学习毛主席著作，刘少奇的《论共产党员的修养》也是重点。这些学习对我们人生观、世界观的改变很大，大到何种地步呢？平时处理生活中的问题、处理事情时都想着，到后来都不自觉地尽量要求自己符合毛泽东思想，符合一个中国共产党员的标准。

1939年底或者是1940年初，我从中央党校毕业了。分配工作时，干部科科长曹轶欧找我谈话，她当时刚和丈夫康生从苏联回国。

曹轶欧问我："你对今后的工作有什么考虑？愿意做什么工作？"

我说："如果组织分配，什么工作都行。但我自己不愿意做的工作，组织尽量不要让我去做。"

曹轶欧问我："你有不喜欢的工作？那说说你不愿意做什么工作？"

我说："比如搞报纸工作，当记者什么的，我不愿意做。"

曹轶欧考虑了一下说："那就分配你到基层锻炼去。"

我在"陕公"、"抗大"、中央党校学习将近两年，主要精力就是学习，在延安也没有多少熟人，所以下基层锻炼之前，想到一年多前在总政治部认识的李卓然，决定跟他告别一下，听说他现在在陕甘宁边区党委工作。

我骑上马跑到李卓然那里，告诉他我要下基层锻炼了。

李卓然很惊讶地说："我不是跟中央党校他们说好了嘛，你来边区党委宣传部工作。我再去跟他们说，你哪儿都不要去，就在我这里工作。现在不要走了，我这就去说。"

如此，我不能下基层了，改为到边区党委宣传部工作。

后来，我从边区党委宣传部到西北局宣传部，在这里工作了整整14年。

· 9 ·

边区党委也就是后来的西北局机关在延安南门外的一个山上。

李卓然担任边区党委宣传部长。他是党内的老同志，1922年在巴黎参加了旅欧中国少年共产党（简称"少共"）。后来在莫斯科东方大学、莫斯科中山大学、列宁格勒军政大学读书。30年代初期回国，在中共中央军委从事兵运训练工作。而后到江西苏区，任中华苏维埃政府主席毛泽东办公室主任。曾任红一军团代理政委。中央红军长征时，他担任红五军团政委，参加了遵义会议。中央红军和四方面军会师后，他担任四方面军政治部主任。再后来担任西路军工委书记，领导西路军余部突围，去了新疆。

李卓然把我留在宣传部，分配的工作就是管报纸。

当时陕甘宁边区有几个分区，分区都有报纸，就是地方党报。本来我还跟曹轶欧说我不愿意搞报纸工作，但现在分配给我这个工作，我就不能不认真对待了，也不能讲价钱。

我每天把这几张报纸从头到尾认认真真地看好几遍，然后写总结。

总结写得多了，我也就有了一些心得，写了篇文章，主题是谈怎样办好党报，发表在当时党内的一个刊物《共产党人》上。

李卓然看了《共产党人》刊登的这篇文章后，对我说："柯华，你还真有才，居然能写出这样的文章。"

其实当时毛主席已经开始批评"党八股"的问题了，我的文章有一定的针对性——绥德地委宣传部长李华生发表了一篇关于怎样写文章的稿子，都写些什么呢？

李华生说，写文章要有笔，笔分毛笔、铅笔、钢笔。写的时候呢，有大楷、小楷。另外，写文章还要有纸，宣纸、边区的马兰纸，这个纸那个纸。简直就是废话连篇。

我在文章中批评了这个问题，认为要言之有物，不能言之无物。再一个我就讲写文章要认真，办报纸尤其要认真，还特别地谈到了校对问题。

办党报，校对可是个大问题。有一天，报纸都出来了，却发现有篇文章的篇名叫"新四军是反革命的军队"。共产党的报纸上说"新四军是反革命的军队"，这还了得！一查，多了一个"反"字。负责这件事情的同志接受审查，过了好长时间才把他的问题解决了。

我在宣传部管报纸这几年养成了习惯，一旦写文章，自己就要校对好多遍，因为错别字会误大事。比如说解放战争时期，我遇到一件事情：彭德怀在前线给留在后方的习仲勋发电报讲新解放地区的情况，其中说新解放区的反革命分子是多数。习仲勋看了电报，觉得彭德怀的这个提法不对，怎么反革命能是多数呢？一查，果然又是校对不认真，把"少数"写成了"多数"。

总之，写文章，白纸黑字，一点都不能马虎。

当时毛主席除了提出"党八股"问题之外，还倡导搞调查研究。

张闻天带中央调查组下去搞调查。

西北局由李卓然牵头，也成立了调查组，带着我和秦川还有两个警卫员去宜川县的固临镇。

两年前的1939年，边区进行了土改。两年过去了，边区进行的土改情况到底如何？特别是老百姓的生活到底是提高了还是下降了？有没有存在的问题？存在问题是大是小？共产党在农村，通过土改，工作重点到底应该放在什么位置？

上述问题都是我们这次搞调查研究需要搞清楚的问题，并且要尽可能地提出合理的建议。

再一个，陕甘宁边区的经济形态不好，没有什么工业。到1940年的时候，全边区只有九个工厂，工人才400多人，一年的产值有多少呢？

1939年12月，第二战区副司令长官朱德（右三）、柯华（右二）、孙仪之（右一）、马寒冰（左一）在山西省武乡县与投身中国抗日的米勒（左二）及印度援华医疗队队长爱德华（左三）合影

两万元。

我随李卓然去固临镇搞调查是1941年9月，距1月发生的"皖南事变"有八个多月了。

为什么在这里又要牵扯出"皖南事变"？原因是"皖南事变"之后，国民政府扣发了八路军一年60万元的军饷，也不给陕甘宁边区政府财政拨款，并且调集50万国民政府的军队实行经济封锁，是真刀真枪的封锁。

封锁线西起宁夏，南沿泾河，东讫黄河，长达上千公里，仅仅在封锁线的南线，碉堡就修了6300多个，机场修了20多个，不允许把边区的农副产品向外输出，又禁止国统区的物资，特别是布匹、药品、纸张、电讯器材等运进来。为了把这种经济封锁搞得有成效，他们还制定出奖励政策，只要查到边区和国统区的贸易往来，一律说是走私，谁家查出来，货品一半上交，另一半就给谁留下来，比例提成高达50%。国民政府沿陕甘宁边区驻防的部队一下子积极起来，因为和自己有了相关的利益了。

国民政府对陕甘宁边区搞经济封锁，边区政府就要负担部队的经费，太吃力了，每个人每天只有5分钱的菜金。

后来，连毛主席都说："我们曾经弄到几乎没有衣服穿，没有油吃，没有纸，没有菜，战士没有鞋袜，工作人员在冬天没有被子盖，我们的困难真是大极了。"

还有一点，国民政府对陕甘宁边区实行经济封锁之前给边区政府的财政拨款也不多，占比重比较大的财政来源是外援，像1939年，外援占到了85.7%；1940年，外援占到了70%。

现在国民党政府一封锁，什么都没有了，怎么办？必须通过一个相当广泛的调查研究，形成新的财经政策。

谈到外援，不仅仅是陕甘宁边区政府接受外援，我个人也得接受外援。刚到延安的时候，我爸爸给了我外援，寄来400块钱，一笔巨款啊！

我拿到这400块钱，向王顺桐和秦川宣布实行共产主义，一起用它来改善生活。

说是改善生活，其实就是到饭馆里吃吃肉。当时年轻，嘴馋，得有些油水。最后这个钱花完了，我爸爸没再给我寄钱，我的外援就算断了，我和秦川、王顺桐的共产主义生活也就宣布结束了。

因为抗战，陕甘宁边区非生产人口剧增，仅仅是买粮食吃饭这一项就占到了整个开支的18.86%。

我在宣传部当然也能体会到吃饭问题的艰难。当时我和秦川、王顺桐吃大灶，大灶伙食的确不行，粗粮多，以稀饭为主，两三个月吃不上一次馒头，所以吃次馒头也算改善伙食了。

有个新来的司机，碰巧遇上大灶吃馒头，一次吃了40个，真是吓死人，但他就是吃了那么多。

我有时候甚至还吃不饱。白菜、土豆做出来根本没有啥油水，偶尔能碰上机关杀头猪，我跑去帮忙杀猪，人家不要猪肠子，我都要了，把猪肠子炼成大油，吃小米饭的时候舀一勺拌在里面，吃着就很舒服了。

部长李卓然待遇高，吃小灶，有馒头吃。

有时中午饭或晚饭后，我们几个人吃完大灶，路过李卓然的窑洞，一看他没吃完的馒头放在桌子上，我们就偷他的馒头吃。一次、两次，很快就被李卓然发现了。可李卓然却不向我们挑明，而是吩咐警卫员不要再把剩下的馒头端走，放在桌子上让我们拿走吃。

尽管如此，李卓然的剩馒头毕竟不是顿顿都有，我和秦川、王顺桐几个年轻人到处找吃的。

离我们住的地方百八十米的山坡下住着高岗家。高岗是西北局书记，他家养了几只鸡。慢慢地，因为肚子里油水的问题，高岗家的鸡被秦川惦记上了，终于有一天，秦川把高岗家的鸡偷出来，我赶紧做好，大家一起吃，真香呀！

第二天，高岗的妻子发现鸡不见了，满山坡"咕咕"叫着找鸡，我们看见就笑……生活物资匮乏，苦中作乐罢了。

我爸爸寄给我的钱、李卓然的馒头、高岗家的鸡都不能解决根本问题，所以不论是张闻天带着中央调查组下去，还是李卓然带着我和秦川组成的这个陕甘宁边区党委调查组去固临镇，最根本的问题就是要了解一下边区农村经济的发展到底是什么情况，能不能从中找到一些破解陕甘宁边区政府财政赤字的根本问题，最后落实到怎么能吃饱饭吃好饭的问题上。

固临镇具有典型的陕甘宁边区乡村形态，很有些一叶知秋，观其一点而知全局的味道。

从1941年9月24日到11月25日，两个月内，我和李卓然、秦川在固临镇一家一户地走访，各个阶层的人都见了个遍，包括农村的二流子，调查工作做得非常细致，特别是对1939年土改前后的农民经济生存状态进行了细致入微的考察。

白天，我们走村串户。晚上，李卓然、秦川和我睡在一个土炕上还要继续工作。在工作之前，我们三个人都得先干同样的一件事情：必须认真地拿一个小扫把将衣服里面的虱子清理掉。之后，我们开始将一天得到的各种情况数据汇总起来。

李卓然给我和秦川从框架结构上谈，高屋建瓴地进行各类问题的列举、分析，仅仅是各类小专题就搞了40多个。然后秦川写，我也写，反反复复修改，最后定稿，形成了十几万字的《固临调查》一书。

《固临调查》一出来，毛主席看了，评价相当高。

初稿送给陈云看，陈云连校对工作都做了一遍，他正管着陕甘宁边区的财经工作，认为《固临调查》重要极了。

为什么这么说呢？从大的整体的中国历史来看，每当一个政权遇到财经问题的时候，往往就是向农民征税，土地是农民的饭碗，当然也是政府的饭碗。现在陕甘宁边区在财经方面所遇到的问题是不是可以通过增加农业方面的税收来解决一下呢？《固临调查》的结论是不能再增加农民的税收了。

尽管土改之后农村经济有了些许变化，但陕甘宁边区地瘠民贫确是客观存在，不可能在短期内因为某一项政策的原因而有更多的变化，农村经济的发展在政策保证的情况下还需要有一个长期的过程。

我们在固临镇的调查，用今天的话来说，是和整个社会组织形态下的每一个具体的人有了零距离的接触，掌握了原始的数据，所以得出的结论是：在陕甘宁边区的农村，赋税不仅仅是不能增加的问题，而且已经是赋税过重的问题了。

《固临调查》把这个问题明确地提出来，就是响应了毛主席倡导的实事求是精神。

民间不是有句话嘛，叫"国民党的税多，共产党的会多"。

现在《固临调查》得出结论，共产党对农民的税赋也多了，重了，应该有所改变。

我认为这里面有我和秦川在具体调查和写作中的作用，但从另一方面更显现出了调查组组长李卓然的见地和胆识。如果换一个党内的老干部，他领导我们这个调查组，可能做到实事求是会容易一些，但李卓然当时还背着西路军失败问题的包袱，还受着委屈，一个共产党人能在逆境中坚持实事求是，那就太不简单了。

毋庸置疑,《固临调查》对随后中央制定新的陕甘宁边区经济政策起到了非常重要的推动作用,"大生产运动"的发起与开展就是将边区非生产人员转变为生产人员,直接进入到经济活动中去,这一切都与《固临调查》有着密切的关系。

· 10 ·

1942年春天的时候,中央党校的校长是邓发。

毛主席在1942年2月份中央党校开学典礼上宣布开展"整风运动"。

邓发校长加以响应,可邓发在关于整风初期的方针和毛主席期望的不太吻合,于是毛主席亲自任校长,由彭真主持中央党校内的整风工作。

1942年5月下旬,中央政治局决定成立中央总学习委员会(简称"总学委")。总学委由毛泽东、凯丰、康生、李富春、陈云组成,毛泽东任主任,康生任副主任。

我在宣传部也开始参加整风。虽说整风在延安是大事情,但刚开始的一段时间,我也不知道整风到底是怎么回事。

1942年4月3日,中宣部做出在延安讨论中央关于开展整风和毛主席整顿三风报告的决定,对"整风运动"的目的、要求、方法、步骤和学习的文件做了明确的具体的规定。这些文件最初为18个,后增至22个。

我听党的话,认真学习毛主席的六篇著作。

通过整风,我印象最深的是实事求是,这是刘少奇在《论共产党人的修养》里谈到的。它对我以后的工作影响很大,成为指导我一生的行为准则。后来我听说整风实际上主要是反对王明,可当时上级也没有明确告诉像我这样的年轻人。

文件学习到一定程度,大家就开始对照着学习过的文件来检讨自己,把自己的家庭背景、社会背景、行为,特别是内心深处的想法都坦诚地说出来，毫不保留，然后互相批评，互相纠正，这种办法有些像看病，把病症找出来，大家会诊，然后治疗。

在批评与自我批评的过程中，当时延安有个较为著名的壁报《轻骑队》，提出为什么毛主席一个月要拿5块钱，一般干部拿一块钱，不平等嘛！我就是一个月一块钱，不过我认为毛主席应该拿5块钱，5块钱还太少。

我拿一块钱干什么呢？经常是我和秦川、王顺桐三个人提着一个截去一半的汽油桶，装上些小米饭，到饭馆里交一块钱，吃一块红烧肉和"三不沾"，我们就很满足了。

在全党普遍整风期间，中央各部委和延安的一些机关、学校开展了审查干部工作。这是因为当时的社会政治环境十分复杂，各种敌对势力千方百计对中国共产党和根据地进行渗透和破坏，通过审干来清除特务，纯洁革命队伍。但由于对敌情做了过分估计，把审干工作主要视为锄奸、反特斗争，并把一些干部思想上、工作上的缺点错误或历史上尚未弄清楚的问题，轻易地怀疑为政治问题，以至反革命问题，并采取逼供信的过火斗争，不可避免地出现了以"抢救运动"为代表的反特斗争严重扩大化的错误，一个时期搞得"特务如麻"。1943年4月3日，中共中央发布《关于继续开展整风运动的决定》。这个《决定》传达到机关每个人，把我吓了一跳，上面讲现在整风进入"第二个目的，就是肃清党内暗藏的反革命分子"，延安党政机关内部"特务如麻"，先前的"整风和肃奸是性质完全不同的两件事"。

遍地"特务"的延安，几百人被抓进了陕甘宁边区保安处的看守所，就在凤凰山底下，还有社会部看守所，以及后来专为"抢救"办了两个学校——行政学院和西北公学。

"抢救运动"成绩斐然，仅延安地区就抓出特务1500多人，延安所属的各个县抓出特务2400多人，党中央的机关报《解放日报》80%都是特务，各类肉体处罚不少，花样翻新，不胜枚举。

"抢救运动"把许多外来的知识分子干部搞成了"两个口袋"式的干部。

"两个口袋"的意思是，领导需要某一种材料，我从这个口袋里拿；领导需要另一种材料，我就从另一个口袋拿——投机分子。

1943年7月15日，中共中央"整风运动"总学习委员会副主任、中共中央社会部部长康生在延安干部大会上作了《抢救失足者》的报告。

西北局马上传达了康生的报告，康生在报告中说："目前边区形势非常紧张，国民党胡宗南的部队在边区周围布下重兵，极有可能向边区发起进攻，大战一触即发。处在这种军事非常时期，而我们内部却特务如麻，如果不把这些特务清查出来，我们将处于非常危险的境地……两个月来，延安已查出450名特务，我们现在抢救政治上的'失足者'，你们这些'失足者'不能再犹豫等待了，要赶快坦白交待，失掉这个宝贵的机会，将永远陷入万劫不复的境地，共产党的宽大政策是有一定限度的，如果你们坚持反动立场，拒不交待自己的罪行，你们将面临最为严重的后果。"

听了康生的这个报告，我也很紧张，觉得形势危急，怎么有这么多特务混进来了？真要打起仗，还了得？

我思考着，还没有彻底想明白康生这个报告的时候，突然西北局书记高岗一指我，说："那个脸红的，交代你的问题。"

高岗是书记，我就在他手下，平时就有工作往来，又不是不认识，他请客吃饭，还是我主厨做了三四桌潮州菜，现在叫我"脸红的"，明显的话里有话。

当然，我的脸确实红，中学时脸就红，同学给我起了个外号叫"红先生"。我并不是听高岗说抓特务脸才红，确实是身体原因。

高岗见我不交代，不说话，严厉地冲着我说："胡宗南就要打进来了，我们不能把你带走。"

康生在报告中就说胡宗南要进攻延安，大战一触即发，现在高岗冲我说这个话，严重得很了。

西北局宣传部的外来知识分子比别的部门多，是"抢救运动"的重点单位。运动的领导人是李卓然、蓬飞、秦川。

在开我斗争会的时候，蓬飞私下里给我打了个电话："柯华，你不要怕，我们相信你不是反革命，不是特务。但我们的压力很大，所以开斗争会的时候不能不叫你交待，但你没事。"

蓬飞跟我说他们的压力很大是实话。

在西北局常委会上，书记高岗冲李卓然嚷嚷："你那个部（指宣传部）到现在连一个特务还没有抓出来？"

李卓然说："我慢慢抓。"

李卓然、蓬飞、秦川领导的宣传部的"抢救运动"采取"慢慢"抓特务的办法，后来也就没有抓出什么特务来，不了了之了。像他们这种敢于为外来知识分子干部负责任，实事求是，反对"抢救运动"的态度，在整个延安"抢救运动"中并不多见。

后来，对延安审干工作中出现的偏差，毛主席主动承担了责任，多次脱帽向被整错了的同志道歉，说他原来的意思只是想给大家思想上洗个澡，没有想到"灰锰氧"（高锰酸钾）多放了点，实在对不起。

审干工作中出现了由于主观主义而造成的大量冤假错案，这是不应该发生的错误。党中央和毛主席发现并纠正了这个错误，它在延安整风中只是个支流，但"抢救运动"的教训是深刻的，我们应该注意汲取。

"抢救运动"时期，李卓然也会把我抽调出去搞些别的工作，其用意显而易见。

那时候有个世界青年代表团来延安访问，需要组织文艺欢迎晚会，李卓然让我来负责这件事情。我把晚会的所有一切都准备好，却找不见点灯的火柴。延安没有电，晚会照明靠点灯。临时去买火柴还买不到，我那个急呀，四处去借。火柴可不好借，抽烟的人一个月才发一盒，实在没办法，我就去求总文工团的人，好不容易人家给了盒火柴，总算把这个灯给点亮了。

还有一次我到大砭沟组织放电影，又是一切都准备好了，才发现发电机没有煤油，我又是到处借，最后跑到陈云那里才要来点煤油，把电影放完了。

虽说找火柴、找煤油都是小事情，可我从此得出个经验，搞具体工作，再小的事情不注意落实，到最后都会办不好。

· 11 ·

西北局宣传部搞"抢救运动"因为有李卓然、蓬飞、秦川在对待干部政策方面的实事求是，与其他单位相比，战绩平平。但搞起"大生产运动"却有生有色，30多个人的单位，每个人都参加生产，纺线、做鞋、做衣服、开荒搞种植，还有其他副业，相当投入。

我和王顺桐在离延安90多里的金盆湾包了两亩水稻田，蓬飞和董纯才包了山地种谷子等，秦川和吴文林在河滩种菜。

我和王顺桐到金盆湾种水稻，信心很大，期望有个好收成，能吃上大米。

我们住在农民的房子里，插秧这活儿做得还可以，锄草、排水这些活儿也做得比较到位，静等着风调雨顺收获了。

这期间，我和王顺桐需要解决的唯一问题就是烧火做饭。没有煤，只得砍柴烧火。我俩向农民借了一个独轮车，进山砍柴，装上满满一车往回运。

我俩都没有推独轮车的经验，下坡的时候，我在前面使劲拉，王顺桐在后面推，一下子独轮车失控，整个360度翻过去，王顺桐摔倒了，我差点被独轮车砸到。

王顺桐从地上爬起来，气死了，大声对我吼道："谁让你拉的？笨，笨死了！"

我说："我也不知道下坡不能再接着拉，你也不说不能拉。"

我俩吵起架来。

谁知一个多月后，一场洪水把我俩种的两亩稻子冲得颗粒无收，没办法，我们只能打道回府。

回到延安一看，秦川和吴文林在河滩种的菜地也同样被洪水冲走了，没有收成。不过吴文林会做生意，他到靖边买了两匹马，拉回延安在骡马市场上一卖，居然赚到了钱。

蓬飞和董纯才种的地在山坡上，没有被冲走，总算丰收了。董纯才懂得科学种植，他种的谷子套种了一些苜蓿，因为苜蓿根上有含氮的瘤菌，可以促使谷子增产。再有董纯才的种子也好，是他到自然科学院搞来的种子，所以谷子大丰收。

我们的生活慢慢地好起来，饭堂里的伙食比过去丰富了，四菜一汤，还有肉，还能有聚餐，肉比过去更多一些。娱乐生活也丰富了，比如跳舞什么的。

我不喜欢跳舞，到了周末，我就和董纯才、秦川、王顺桐打麻将。刚开始，我们没有麻将，周六的时候，高岗他们几个人打麻将，打到夜里一两点钟就不打了，我们几个人就跑去接着那副麻将打。但长此以往也不是个办法，我就把木头锯成小方块，用毛笔写上牌名，做了一副麻将，当然手感自然比不上高岗的骨质麻将。

我们四个人中，董纯才的牌瘾最大，周末在办公室外面搬张桌子打通宵，筹码总共就一块钱，然后就用这一块钱吃顿饭。

我们在办公室外面打麻将到通宵，只有科长蓬飞管。

平时蓬飞的同志关系搞得挺好，但他对许多东西看不惯，显得有些古怪。

按理说蓬飞在党内也算老资格，参加革命时的文化水平是小学程度，平时特别喜欢读书，可他好像总是得不到提拔，就是当科长。我给他当科员，他的文章我替他写，写完他一看就用了，合作得很好。

蓬飞看见我们打麻将，就从办公室里出来，不管三七二十一，把麻将桌一把掀倒。他是老同志，我们也不能把他怎么样。

周末天气好的时候，我们就跑到王家坪去打麻将，找一块平整点的大石头当桌子，一打一天。

在王家坪打麻将，除了娱乐，还有个原因，就是这里离女子大学近，周末说不定能碰到女生，找对象谈恋爱的几率大一点。

这个时期，像我这样的年轻人想在延安找对象结婚不是一件容易的事。

本来到延安的年轻人中女同志就少，加上有些女同志和长征老干部结了婚，所以当时有首比较流行的打油诗："年已二十五，衣破无人补。若要补衣人，再过二十五。"这是客观情况的真实反映。

不过我们几个人在王家坪打麻将，谁也没有碰到心上人。后来我和张明结婚，是通过别人介绍认识的。

张明是从西安来到延安的，之前她在西安读书。再早一些，她在家乡读书。那时候，张明也对社会不满，她有三个好朋友，四个人年龄小，在一起谈论起对社会的不满就冲动了，约好四个人一起跳水自杀。结果张明和其他两个好朋友都迟到了，一迟到，三个人想想还是不死了吧，而那个没有迟到的好朋友已跳水死了。

我和张明经人介绍认识时，延安正在进行"大生产运动"，我帮她挑水、挑粪。我们也在周末的舞会上见面。我们接触了几个月后，我向张明提出结婚的事，但张明不同意。可第二天的时候，张明的领导跟我讲，张明同意和我结婚了。

三天以后，我俩就结婚了。

蓬飞对我和张明结婚的事感到意外，他说："张明居然会同意，没想到没想到。"

其实蓬飞感到意外是有原因的，当时还有一个同志追求张明，后来这个同志到江西当省委书记去了。

结婚后，我们有了第一个孩子，张明工作忙，我带着孩子。尽管我会做饭，但我不会给婴儿做饭，其实就是给小孩熬小米粥，一勺一勺地喂。孩子病了，拉肚子，很重，一天能拉26次。我着急啊！到处找药。其实吃片磺胺就能好，但磺胺这种现在看起来不起眼的药，在延安可不容易找到，最后我还是在陈云那儿要来两片磺胺，把孩子的拉肚子治好了。

· 12 ·

1945年，抗战胜利，毛主席到重庆进行国共谈判。

1947年春天，胡宗南的军队大举进攻陕甘宁边区，我们开始转战陕北。

形势万分紧张，我负责西北局机关撤退时的一些事务性工作。我把李卓然的日记和一些文件埋了。后来，这些东西等到我们收复延安时也没有找回来。

领导还让我安排机关的家属。

西北局副秘书长曹力如对我说："让家属就地隐蔽在老百姓家。"

我一听觉得不合适，就对曹力如说："不行！"

曹力如说："怎么不行？让机关家属化装，把头发在脑后挽个髻，穿上老百姓的衣服，怎么就不行？"

我说："挽发髻、穿老百姓的衣服都没问题，但你想过没有，咱们这些机关的家属，脸色和皮肤比地方上的老百姓白，很容易被胡宗南的部队发现，太危险！"

曹力如觉得我讲得有道理，于是同意了我的安排，家属全部随机关转移。

有一天，我们转移到一个村子，突然碰到张明，我很高兴，可她一见我就哭了。

当时的情况是，张明带着老大，肚子里还怀着老二。她说："从延安撤退，一路走来，我把被子给丢了。"

张明怀着孩子，还带着老大，晚上睡觉不能没有被子啊，我就把自己的被子从中间一扯，一人一半。然后我们各自回单位，接着转移。

1947年6月，中央工委到西柏坡，准备召开全国土地改革工作会议，李卓然带着我和一个警卫员去参加。

我们过黄河，在晋绥遇见一位党内的老同志张稼夫，谈到土改问题。

此时的张稼夫已经不是中共中央晋绥分局的副书记，他正在挨整，挨整是因为土改和李井泉、康生搞得关系很紧张。

在胡宗南的军队进攻陕甘宁边区的前一个多月，也就是1947年1月底，中央派康生、陈伯达带一个工作团到晋绥，目的是解决土地问题。

2月中旬，张稼夫、康生、周颐等人到一个叫郝家坡的村子搞调查，帮助土改。

开会的时候，康生把张稼夫去年领导编印的一个叫《怎样划分农村阶级成份》的小册子说得一无是处，是教条主义。康生说这个小册子在解放区没有用，估计在重庆有用。按张稼夫搞的这个小册子，晋绥就找不到地主了，干脆不要搞土改了。应该把这个小册子收上来，烧了。

张稼夫要和康生争辩，但当时的形势却不允许他做任何解释。

接下来按照康生的土改标准和办法在郝家坡施行土改，搞得乌烟瘴气，本来这个村只有三户地主，以康生的标准，变成了六户，然后由农民诉苦，清算地主的罪恶。

农民一诉苦一清算，打人、叫地主磕头、跪瓦渣、鞋底抽嘴巴、喂大粪吃等诸多行为波及开来，然后升级到动刑，直到把人斗死为止。

后来，毛主席去西柏坡路过晋绥，找张稼夫谈话时说道："康生烧了《怎样划分农村阶级成份》的小册子，是把晋绥仅有的一点马列主义烧了。"

总之，这个时期，党内一股"左"的风气开始蔓延。我和李卓然从西柏坡回来，又刮来了一股风，说是宣传部让资产阶级、小资产阶级知识分子占领了，工农干部现在应该来掌握宣传部。

秦川和我及其他同志听后一起去找李卓然，"既然如此，我们就不留下来了，让工农干部来干吧。"

李卓然说："不急不急，先等等，等等看，你们再说话。"

冬天的时候，我当团长，带着土改工作团到绥德去。

第一天刚进村，我就看见一棵树上吊着一个人，农民围成圈喊打倒他的口号。

我赶紧让他们把人先放下来，有话好好说，斗地主也不能总把人吊在树上斗嘛。再说了，这个人到底是不是地主，也得经过调查了解才能

柯华夫妇与大儿子在延安留影

柯华夫妇与两个儿女在延安留影

下结论。

我们一调查,这个人尽管有土地,但他的土地并不是靠剥削得来的,他们兄弟三人,没有雇人劳动,都是自己种地。平时节省的程度让人印象极其深刻,村里人告诉我一个细节,这兄弟三人连到县城买个烧饼吃都不舍得。

柯华、张明夫妇（左二、左一）及儿子（左三）与王顺桐（右三）、周盼（著名抗日爱国将领杨虎城之长女）及儿子合影

这种人能算地主？我们给他划成分，划成"富裕中农"。

我不主张搞肉体惩罚，但有相当一部分干部在参加土改的过程中采用了肉体惩罚的手段。

土改时期，农村的情况错综复杂，各种各样的情况都有。

我在另一个村子碰到这样的情况：有个妇女要被定"地主"，原因是什么呢？本来她穷得很，儿子娶不起媳妇，娶媳妇最少要花1000块钱。她有一个女儿，为了给儿子娶媳妇，就把女儿卖了800块钱，但还差200块才能把媳妇娶进门。没办法，这个妇女把卖女儿得来的800块钱放高利贷，第二年她就有了1600块钱，再一年翻到3200块钱，典型的驴打滚。

按土改工作团的意思，放高利贷就要定成地主，但全村人都不同意。

我的意思是把高利贷的部分去掉，留下给儿子娶媳妇的钱。

工作团内部为此争论不止。

我回去对习仲勋说了我的办法，他同意我的意见。

我回到村子后公开宣布了我的想法，全村人都很高兴。

现在回过头来看土改，"左"的东西太多，令人痛心。

早在 1945 年 11 月，毛主席在《减租和生产是保卫解放区的两件大事》中说：斗争中发生"过火现象"是难以避免的，但"只要真正是广大群众的自觉斗争，可以在过火现象发生后，再去改正"。

中国共产党在根据地解放区进行的土地改革，彻底终结了中国数千年乡村社会的基础结构形态。

中国共产党领导的土地改革在抗战胜利后的最初阶段并不是急风暴雨，秋风扫落叶，在陕甘宁边区还有过由政府出面，帮助农民从边区银行贷款，以货币的形式赎买地主土地的情况。

陕甘宁边区政府在绥德县贺家川村就买了地主的地，然后分给农民耕种。只是这种温和的赎买进行了九天即停止了，没有大面积持续推广下去。

为什么温和的赎买政策刚露头，在解放战争开始的 1946 年到进入白热化的 1947 年，党的土地政策彻底发生了根本性的转变呢？

我认为主要是我们党为打赢这场解放战争，通过土地改革这样一个手段来完成战时动员。

从表面上看，共产党和农民之间简单的"给与"和"支持"的关系，不是因为共产党给了农民土地，所以农民支持共产党。

党和政府把土地买来分给农民，这之间的关系不可能达到因为农民有了土地，就支持党和政府。我最近看到一份资料，里面谈到抗战胜利后，尽管我们党的高层没有被美国居间调停的"假和平"所迷惑，放松警惕，但在一些根据地内部，放下刀枪回家种地的想法也很流行，甚至到了 1946 年下半年，解放战争全面打响之后，根据地内的扩军都受到影响。冀中的一个地方，不得不把够年龄的人都让参军，可这些人一到了区上，大部分人都跑了。

在这种情况下，如果我党不采取果断的能立竿见影的土地政策来完成战争动员的话，那么打赢的可能性就危险了。

纵向考量中国共产党自抗战时期各个根据地的土地政策，会发现在根据地农村施行减租减息政策，并没有消除占农村多数的贫农、雇农、无业游民与地主的紧张关系。这种在农村社会的关系，我党把握得非常精确，必须争取到占多数的贫农、雇农、无业游民的支持，孤立地主、消灭地主，争取全部的农村人力资源和经济资源是打赢解放战争的先决条件。

那么用什么办法才能争取到农村多数人坚定的支持呢？最为行之有效的办法就是调动、激发广大人民群众对地主的阶级仇恨，把所有解放区的人民纳入到波涛汹涌的阶级斗争洪流中，让人民群众义无反顾地支持共产党。

农民的翻身不是靠党和政府花钱买地主的地分来的，而是通过阶级斗争的形式，斗争得来的。不点燃贫农、雇农、下中农对地主的阶级仇恨，农民就不算发动起来，没有阶级仇恨，农民只会老婆孩子热炕头。

发动起来的对地主有着阶级仇恨的农民成为人民解放战争取得胜利的巨大保障。

我记得1946年9月14日新华社的电讯说得很准确——正是有了"耕者有其田"的政策，才加强了人民解放军。如果共产党不同意农民的这一土地要求，而蒋介石又从美国得到了外援，中国人民要求独立、和平、民主的运动就很可能像1927年大革命那样再次失败。

1947年10月，毛主席评价土改在防御战略中所起的作用时写道："深入和彻底地解决了土地问题的地方，农民即和我党我军站在一道反对蒋军的进攻……借口战争忙而忽视土地改革的地方，农民即站在观望地位。"

土地改革加速了解放战争胜利的步伐。

1949年5月，西安解放，我被任命为西安市委副书记兼市委宣传部长。

· 13 ·

进入西安的时候，我坐上了一辆大卡车。当时年轻，我喜欢坐在大卡车的顶上看风景。

进城的第一项工作就是号房子，给西安市委号房子。

之后，市委进行分工，我主管公安局、城市建设和宣传部。

对公安工作，我过去没有接触过。当时西安的一位地下党领我去一个电台，在民宅的地下室里，从窄窄的楼梯下去，这里就是他当时领导的情报组向解放区发报的地方。

我和公安局的同志接触不是太多，仅仅保留了上述这么一点点记忆。

我作为负责分管公安局的市委副书记，因为一件事情和市委书记赵伯平同志发生了不愉快。

赵伯平同志是1927年入党的老同志，基本上一直在陕西工作。解放战争期间是关中地委书记、关中军分区政委，同时兼城工部副部长，也就是说解放战争期间的西安地下党是赵伯平同志领导的。当时西安市的主要领导有好些是关中地委的同志和西安的地下党，算起来，就我一个人是外来干部。

当然，我也没有觉得自己作为一个外来干部有什么不好，工作上很积极地配合赵伯平同志。

西安刚刚解放，和全国一样，其中最为主要的工作是全力肃清国民党特务、残匪，搞好社会治安，也就是我们后来经常提到的"镇反运动"。

1950年3月16日，中共中央发出《关于剿灭土匪建立革命新秩序的指示》。10月10日，中共中央又发出了《关于镇压反革命活动的指示》。

根据这两个指示，公安部在全国各个城市开展了匪特党团分子的登记工作，目的是摸底排队，掌握情况。中央的两个指示和公安部的登记工作不是没有来由，尽管这时候全国已经解放，但国民党残余匪特分子的活动还相当猖獗。

我印象深刻的是当时通报了西南局的一个情况：成都龙潭寺地区发生万名匪特暴乱，杀了解放军一个师政治部主任，温江、郫县、金堂、新繁、秀山等好几个县城被匪特围攻、占领，把县长和我们的人砍死了。

也就是说在全国匪特猖獗之时，不对其镇压，我们的政权就不可能稳定。但在具体实施镇压反革命的工作中，势必会发生一些问题。

西安的镇反工作也要尽快跟上。我负责的公安局抓了一批匪特，名单出来后，立即要公开枪毙他们。

我主持宣判大会，市委赵伯平书记来了。

宣判以后，突然从下面给我递上来一个纸条，是一个匪特写的，上面写道："如果能不杀我，我愿意交待山东青岛市的潜伏电台。"

我看了纸条，认为这个情况比较重要，马上对赵伯平说："那就先不要枪毙了，给他个立功的机会。"

赵伯平坚决不同意我的意见，结果这个愿意交待青岛市国民党潜伏电台的特务和其他特务一起被枪毙了。

没过几天，西北局副书记习仲勋知道了这件事情，他在大会上批评了西安市委的公安工作，点名批评了赵伯平。虽然肯定了我的意见符合实际情况，但也批评我没有把正确的决策坚持到底。

我认为习仲勋处理问题是客观公正的，也诚恳地接受了他的批评。

没过多长时间，"三反五反运动"开始了，就是在各级政府机关、学校、团体、军队、党派中进行反贪污、反浪费、反官僚主义的运动（三反运动），在私营工商业者中进行反行贿、反偷税漏税、反盗骗国家财产、反偷工减料、反盗窃国家经济情报的运动（五反运动）。

突然有一天，我得知市委在查我的账，我能有什么账？

又过了几天，我才知道，原来中宣部批给西安市委宣传部50万元经费，我根本不懂什么账务管理，按程序交给行政处长管理，他管的账的确有些乱。

等到彻底清查之后，结果是我在账目上没有任何问题。

"三反"期间，市委宣传部一位副部长不是原来关中地委的干部，是从晋绥来的，有人举报揭发，说他有严重的贪污行为。

我作为这位副部长的直接领导有责任查清问题，于是我就找检举人谈话。

这个时候，我觉得如果直接问他检举的问题，效果不会很好，所以我就和这个检举人东拉西扯，使他无法知道我找他谈话的目的。

东拉西扯之间，我终于通过这个检举人的谈话知道这位副部长的贪污行为有多大了。

有一天凌晨4点，下着大雪，寒风冷冽，这位西安市委宣传部副部长把机关的四袋面粉拉到西安火车站的黑市上卖了。天亮以后，他用卖面粉的钱再到粮店买回四袋面粉还给了机关。当然中间就有些差价了，这个差价也就是副部长赚到的钱。他赚了多少钱呢？4毛钱。

我听清楚了事情的原委，把桌子"啪"地一拍，问他："就为了4毛钱？"

检举人见我发了脾气，赶紧说出胡乱检举副部长的原因。

"三反五反"前夕，我回了趟汕头老家。在我回家之前，市委专门开了个会，让我回到汕头后了解一下汕头的物价是不是比西安低，如果低的话，就让我买1000块钱的手表、钢笔之类的东西带回来，给市委的干部们搞搞福利。

我回到老家，因为时间很紧，加上我对汕头的物价也不清楚，就托我弟弟帮我选购了一些手表、钢笔和其他东西。

我弟弟也是尽心尽力地跑了好多商店摊点，买的东西的确物美价廉，可问题是，为了买东西便宜，有的小摊点没有发票，再加上我买的东西品种不少，回来以后，价钱方面有张冠李戴的情况。

"三反"开始后，西北局为我这个事情立即给汕头市委发电报，请汕头市委帮助核实我买回来的东西的单价。

汕头市委当然也很重视西北局这份电报，核清单价后立即回电，真相大白，我买的东西和所支出的款项全部吻合。

"三反"后不久，我调离西安市委，任西北军政委员会文化委员会副主任兼文化部第一副部长。后来，西北军政委员会撤销，我担任了西北行政委员会副秘书长。

到1954年10月，大行政区撤销，我接到了调我去外交部的通知。

临行前，组织部长说："你和赵伯平的问题，你们还是好好再谈一谈，都是同志嘛，多沟通一下。"

我就去找赵伯平，但最终没能谈拢，两人不欢而散。

20多年后的70年代末期，我在广东见到了习仲勋。

习仲勋和我谈到了赵伯平，他告诉我说："赵伯平在'文化大革命'中被整得惨得很，住到疯人院了。"

我听了，心里也不好受，有些同情赵伯平。

过了两年，习仲勋安排我和赵伯平见了一面。

我一见他，握着他的手说："赵书记，咱们两个人的事情就不谈了，你在'文化大革命'中受委屈了。"

1954年深秋，我交接完西北局的工作，收拾行李，准备坐火车去北京。

等我坐到火车上，火车马上就要开了的时候，陕西省委的一个干部突然急急忙忙跑上火车，说找我有急事，赶快下火车。

这位干部也不征求我的意见，一边说话，一边从行李架上搬我的行李。

我问他："到底有什么急事？"

这位干部说："马书记叫你不要走。"

他说的马书记就是马明方，时任陕西省委书记兼省长。

我跟着这个干部下了火车，直奔陕西省委。

一见马明方，他就说："柯华，你不要去北京了，定下来你在陕西任省委副书记兼省长。"

既然是组织上的决定，我想不去北京外交部也好，外交工作我也不了解，服从组织安排吧。然后，我就等待正式任命。

这几天有了点难得的闲暇，我把十几年前的那把卡宾枪拿出来，到西安郊外去打猎。没想到我的枪法还是很不错，打了些鹰之类的飞禽。当时也没有动物保护意识，现在可不能这么乱打了。

这时候，外交部又打来电话问我怎么还不去报到，我就说了陕西省委对我工作安排的情况。

没过几天，外交部给陕西省委发来了电报，给我也打来了电话，一个意思：让我尽快到外交部报到。

当时外交部干部司司长是刘英，她是张闻天的夫人，她对周总理说：

柯华（前排左二）与民主同盟中央主席杨明轩（前排左三）等合影

1954年10月26日，柯华（后排右五）离开西安赴北京外交部工作前与同事们合影留念

"现在陕西省委要留下柯华做副书记兼省长，要是再不调柯华来搞礼宾司的工作，可能就调不成了。再说现在能搞礼宾工作的人，恐怕只有柯华最合适。"

我很适合从事外交工作吗？我想，一个是我的英文在读书的时候不错，在延安十几年，我一直坚持学下来。再一个就是建国后，我在西安期间也做了一些外事工作。还有一点就是西北局组织部长马文瑞在给中央的报告中对我的评价尚可——思想和工作状况一贯是好的。

过了几天，外交部又发来电报催我到北京，并在电报中说明是周总理点名让我去外交部。

之后，我接到了刘英的电话，她说："你赶快来吧，总理现在指定要你。"

我问刘英："礼宾司是干什么的？"

刘英说："你来了就知道了。"

如此一来，陕西省委也就不便再留我工作了。

1954年初冬，我来到北京。

刚刚安顿下来，早先调到中国科学院任党委书记的张稼夫找到我，说让我到中国科学院担任秘书长。当他得知是周总理点名调我到外交部工作后，只能作罢了。

自此，我离开了生活、工作了15年的西北。

整整半个世纪后的2004年，我写了一篇纪念老友秦川的文章，其中我特意谈到了在延安的这一段生活："延安是革命圣地"，我的"青年时代就是在这个革命圣地度过的"，我的"思想、感情也像延安圣地一样纯洁无瑕。那个时候为什么"我要"跑到延安去呢？……开始时，是民族主义者，反对帝国主义侵略，反对国民党的反动和腐败统治，也接受了苏联十月革命胜利的影响，同时，阅读了一些马列主义书籍，受到当时红军长征胜利的影响，接受了共产党抗日的主张，所以奔向革命、奔向延安。到了延安以后……人生观、世界观受到了一次深刻的洗礼，在那时……拼命读了马列主义著作，读了毛主席的著作，学习了刘少奇同志的《论共产党员的修养》。我"当时的思想和行为、处理问题的想法，都尽量要求自己符合毛泽东思想、符合一个共产党员的标准。那时候党内生活比较正常，同志间在坦率真诚、互相爱护、互相帮助的气氛中展开与人为善的批评与自我批评"。我"就是在这样一种气氛中间工作和生活"了15年。

新中国外交耆宿柯华95岁述怀

外交部
首任礼宾司司长

1954年—1956年

· 14 ·

在我奉调外交部之前，外交部的建制里没有"礼宾司"，但这并不意味着国家的外交活动不需要礼宾工作，或者说不搞礼宾工作。

在我去之前，大量的礼宾工作都是由中央人民政府典礼局来安排，比如外国大使向毛主席递交国书这类事情。典礼局局长是余心清，美国哥伦比亚大学毕业，曾给冯玉祥做过秘书，是老地下党员。解放战争初期，他拿了冯玉祥、李济深的 100 万元，跑到保定绥靖公署做设计委员会中将副主任，主要从事策反北方国民党军队的工作。还有一些国家礼宾工作是由外交部办公厅下面的交际处来做，处长是王卓如，后来做了礼宾司副司长。

我到北京后不到一个月，也就是 1955 年元月，外交部成立了"礼宾司"，我任司长。

对于担任礼宾司司长，我心里没底，因为我不了解礼宾司的工作到底是做什么的。在西安的时候，我在电话里问过刘英，她说"你来了就知道了"。现在到了北京，我还是不知道。

的确，礼宾司刚刚成立，没有什么可资借鉴的成规。王卓如给我看过一个1951年交际处的文件《对外宾交际须知》，是当时典礼局和外交部共同搞的，是一些很简单的交际礼仪方面的指南，比如举办宴会或者前往赴宴时不能迟到早退，要注意关照自己坐席右边的女士，不能打听别人的私事，不能问女性的年龄；拜访的时候要守时守约，还有就是吃西餐、喝酒，包括餐巾、刀叉的使用方法等等。

王卓如告诉我搞这个文件的背景之后，我总算是对50年代初期咱们国家礼宾工作的状况有了些许的印象。当时刚刚建国，我们很多干部，主要还是一些中央负责干部，包括一些部长，在对外交往中出现了不少常识性的错误。

有一次，匈牙利大使宴请我们的某个部长，这个部长迟到了两个小时，让请客的匈牙利大使很不理解，有了意见，我们为此失礼了。

还有一些部长、中央的负责同志收到外国驻华大使的请柬、会谈宴请等等，如果因工作忙，去不了，应该给人家个答复，但却没有答复，或者直接派自己的秘书去赴宴，影响也不好。

上述情况发生得多了，成了普遍现象，反映到外交部，也反映到周总理那里。周总理这时候兼外交部部长，在他的主持下，有了《对外宾交际须知》这个文件。文件发下去，给大家讲清楚对外交往的一些基本常识，也给大家在涉及到外事活动的时候有一个礼仪方面的粗略规范。

即使这样，在礼宾司成立之后，还是不时出现类似失礼的情况。

记得我在礼宾司工作了才一个多星期，我陪周总理还有一些中央部门的负责同志及外国的驻华使节去机场欢送西哈努克亲王。

西哈努克亲王乘坐的专机起飞之后要在机场上空盘旋两周，这是外国元首离开时仪式中的一个小小环节。

这时候，周总理和外国的驻华使节站在原地目送，谁也没有料到参加送行的一些部门负责同志连招呼也不打，就离开了停机坪。

他们这一走，当即被周总理发现了。

看得出来，周总理非常生气，他低声对我说："柯华，你去给我把他们统统叫回来。"

我把这些同志叫回来，问他们为什么要提前离开。他们告诉我，先农坛体育场有足球比赛，得赶紧去，要不就赶不上看球赛了。我急忙把这个情况汇报给周总理。

西哈努克亲王的专机走了之后，周总理把准备提前离开的这些负责同志召集起来，讲了一段话，其中有三层意思：

不等飞机飞走就离开的行为是无组织、无纪律。

柬埔寨国家小，你们对西哈努克亲王的这种行为是大国沙文主义。

还有那么多外国使节在场，人家都能有礼貌地看着飞机升空，咱们的这些负责同志却走了，属于严重失礼。

还有一次，周总理和某个国家的领导人参加宴会，他们走在前面，我在后面紧跟着。一进宴会大厅，没走几步，我突然看到有个人从侧门的过道进了大厅，他好像根本没有意识到自己在客人面前横穿过来有什么不妥，形象也不佳，看起来好像还喝了酒。

周总理当时就把他拦住了，厉声说："站住，太不懂礼貌了！哪个省的？"

这个人赶紧退了出去。

等到周总理陪同客人坐下，他低声对我说："柯华，你去查一下，刚才那个人是不是哪个省公安厅的同志。这种场合，他这个样子，要好好教育一下。"

我一查，果然这个人是某省的公安厅厅长。

我转达了周总理对他的批评，也因此很佩服周总理观察人的眼力，相当敏锐。

再有一次，周总理陪西哈努克亲王去北京饭店，正往宴会厅走，突然饭店的一名工作人员推着垃圾车出现在周总理和西哈努克亲王面前。

周总理一愣，怎么把垃圾车都推到客人面前了？

后来还是在周总理的亲自过问下，我去找北京饭店的经理，让他告诉工作人员，绝对禁止以后再发生这样的事情。

我做这个礼宾司的司长，感觉压力不小，主要来自两个方面。

我以前没有接触过礼宾工作，对许多礼宾方面的事情的预判有一定的困难。

礼宾工作可资借鉴的成规制度少之又少，我们和苏联的关系很好，建国初期一边倒地学习苏联，但礼宾工作有特殊性，应突出自己的特色，国家特色、民族特色。再者说了，尽管在某些礼宾程序上可以按约定俗成的规矩来办，但在具体的操作过程中又必须体现我们自己的特点乃至民族风格，所以学习苏联具体到礼宾工作就很困难。

我把礼宾司面临的工作方面的困难向周总理讲了，周总理指示由我主持，在尽可能全面的情况下，完成一个比1951年《对外宾交际须知》更为详尽的文件。

《接待外宾注意事项》完成了，这个文件有12条，包括迎送国宾演奏国歌的时候要肃立、脱帽，军队的干部要行军礼，国宾飞机起飞的时候或火车开动的时候应该挥手致意，在送行的主要领导同志还有各国驻华外交人员没有离开的时候，其他人不能私自先行离开，并对宴会、晚会、陪同外宾参观、听外宾演讲等等各种外交场合应该注意的礼节细节做了具体的规定。

1956年5月9日，外交部以国务院的名义下发了《接待外宾注意事项》。

之后，我们在外交场合失礼的事件逐渐减少，效果不错。

总的来说，礼宾司的工作在有了这个文件的基础上，形成了一个对外交际活动中最基本的礼节方面的"边界"，但边界的设定并不代表礼宾司工作的全部。

· 15 ·

我在礼宾司工作期间，基本的迎来送往乃至一些诸如接电话、找房子、安排演出时的观众、会场上摆花等琐碎的事务性工作就是礼宾司的日常状态，只是这些日常工作往往牵涉到深层的国家外交政策。

有一点我感触最深，这些琐碎的日常事务性工作的实施或者说完成，几乎每次都能涉及到周总理。换句话说，这些日常事务性工作基本上都是在周总理的参与下才有了比较好的结果。

我刚在礼宾司上班，1955年1月，南斯拉夫和我们国家建立了大使级的外交关系，他们国家派驻我国的大使的名字叫弗拉吉米尔·波波维奇。

波波维奇来中国做大使，在北京要有房子住，所以给波波维奇安排房子就成了礼宾司甫一成立的一项工作。

我刚到北京，情况还不是多么熟悉，所以看了好几处房子，就赶去向周总理汇报情况，周总理觉得不是太满意，让我再抓紧时间多看几处。

过了两天，正当我拿不定主意到底什么样的房子适合波波维奇居住的时候，周总理找到我说："圆恩寺街有所房子不错，比较合适。柯华，你和我一起去看看。"

我和周总理一起去看了之后，又把以前看过的几处房子比较了一下，最后周总理拍板说："就这个房子最合适。"

我提醒周总理说："现在刘澜涛同志正住着这个房子。"

当时刘澜涛任中央副秘书长，让他把房子让出来，好像也不大合适，毕竟人家还在里面住着。

周总理说："那我直接和刘澜涛同志谈谈吧。"

然后，周总理带着我去见刘澜涛。

两个人一见面，周总理开门见山地说："我今天去你住的房子了，很不错。"

刘澜涛听周总理这么说，不明白是怎么回事，有些诧异。

周总理接着说："外交部现在正在为南斯拉夫驻华大使波波维奇找房子，一时没有合适的，很发愁。我去你那儿看了，觉得很不错，你能不能把房子让出来，我再在别的地方给你们家安排房子。"

刘澜涛听明白了，立即表态说没有问题，并问什么时候搬家？

周总理说:"搬家也不是件小事情,不和家里人商量商量?"

刘澜涛说:"商量什么,我们全家人听总理的安排。"

周总理为什么安排我找房子,最后又在百忙之中亲自参与到为南斯拉夫驻华大使波波维奇找房子这件事情上来呢?

周总理是一国的总理,波波维奇是一国的大使,国家总理为一国大使找房子,就事情本身来说小了,但周总理找房子这件小事情的后面却有着很重要的政治意义:南斯拉夫在国际社会中是首先承认新生的中华人民共和国的国家之一,是在我们建国后第五天宣布承认的。再者,南斯拉夫在国际事务中的角色有一定的特殊性,这个国家小,它不和大国结盟,也就是我们常说的采取不结盟政策,而且反对超级大国侵略、干涉、颠覆他国的强权政治,中国政府和南斯拉夫是在相互平等、尊重、支持的原则基础上发展友好关系。周总理亲自为波波维奇找房子,看起来事情不大,其实包含着很深的政治意义和我们对待不结盟国家的态度。

给波波维奇找好房子后两三天,印度驻华大使小尼赫鲁给礼宾司来了一个电话,向我们要周总理的电话号码,说是有事,需要和周总理直接通话。

这可是个新问题,过去的文件上、制度上从来没有涉及到驻华使节向礼宾司要周总理电话这种事,是给他还是不给他,无章可循。

我让礼宾司的专员对小尼赫鲁说:"请稍等一下,马上答复。"

我立即召集副司长和处长开会研究方案。大家想了想,都认为应该尽快向周总理办公室汇报。

汇报之后,过了一会儿,周总理的秘书回电话说还是不要把周总理的电话给小尼赫鲁。

有了这个指示,我便让专员给小尼赫鲁回电话,告诉他周总理的电话号码不方便给,如果他有事要和周总理通话或当面会晤,我们立即转达。

小尼赫鲁听了我们的答复后,明显有些不高兴,但他也没有再坚持要周总理的电话号码,看来事情也就算到此为止了。

谁知周总理很快就知道了小尼赫鲁向我们礼宾司要他的电话号码这

1955年6月28日，外交部礼宾司司长柯华（右一）在火车站迎接南斯拉夫首任驻中国特命全权大使弗拉吉米尔·波波维奇（左一）

件事情，他叫我立即到他的办公室去。

我刚一进办公室，还没坐下，周总理就问我："小尼赫鲁要和我直接通话这个事情你知道不知道？"

我说："知道。"

"你怎么处理的？"周总理问道。

我就把和大家商量的结果及让专员给小尼赫鲁回电话的过程向周总理简单地说了，并没有说给他的办公室打电话，秘书答复的情况。

周总理问我："是你最终同意让专员婉拒小尼赫鲁的？"

我没有什么可隐瞒的，就说："是我最终决定的。"

这时候，我意识到自己对这件事情的处理恐怕不妥，所以连忙对周总理说："要是这么做不对的话，责任在我，请总理批评我。"

原以为我这样把责任揽在自己身上，周总理就会直接批评我。没有想到的是，周总理却没有批评我。

他沉思了一下，转移了话题："你以前做什么工作？"

我就把自己在西北局和在西安市委的工作情况向周总理简单地讲了一下。

周总理听完我说话，和我谈起印度与新中国这五六年间的关系，告诉我印度和新中国于1950年4月就建立了外交关系，这很了不起。我们建国半年时间，美国还有其他西方国家不承认我们，封锁、孤立我们，是印度承认了我们，和我们建立了外交关系，和我们站在了一起，反对美国对我们的孤立政策。几个月前，尼赫鲁访华，毛主席接见他，两人谈得很好。

这时候，周总理的语气渐渐地严肃起来，他说："当时尼赫鲁访华的时候，我对小尼赫鲁说过，有事情直接给我打电话。柯华，你可别小看了这个事情，搞外交工作，外事无小事，遇事多请示，这可是外事纪律。你以前当市委书记，那是一方诸侯，很多事情你说了算，现在可不行，要多请示。你别小看一个电话号码，咱们建国时间不长，大家对外交工作都不熟悉，没有前车之鉴，所以更要多请示。"

这次周总理提到"外事无小事，遇事多请示"，在当时太重要了，如果没有这一条，我们的外交工作不仅会因为没有经验出现各种各样的错误，还会走很多弯路。

后来，大概到了1966年2月，在第四次驻外使节会议上，周总理在外交部作报告的时候，才把"外事无小事，遇事多请示"变成"外交工作，授权有限"。

这是什么意思呢？就是说任何关系到外交方面的决策权在中央，出现政策方面的问题，必须向中央请示汇报。而一些事务性、技术性工作的把握与决断，使馆党委就可以做出决定。当然，如果遇到使馆党委意见不一致，又来不及请示中央的情况，大使可以决定。

毋庸置疑，周总理讲的这个外事纪律很重要。可是具体到礼宾司的工作，有些事情、有些场合还是应该灵活处理。因为有时事情逼得你不得不灵活点，你去向周总理请示，来不及了。

只是这么一灵活，往往就要出点事情，出点乱子，个人也得受点委屈，挨周总理的批评。

1955年12月，民主德国总理格罗提渥及夫人访华的时候，我们要在中南海怀仁堂举办一个文艺晚会，表示对格罗提渥及夫人的热烈欢迎。

本来按照计划我应该去宾馆接格罗提渥及夫人到怀仁堂观看晚会，但我当时对晚会的组织工作的确有些不放心，所以我让礼宾司副司长去宾馆迎接格罗提渥及夫人，我赶到怀仁堂去看看情况。

我去怀仁堂，副司长去接人，这个小小的变动应该说是我出于对组织晚会工作的重视，接人不会耽误什么事情嘛。

可我刚刚走进怀仁堂，根本没想到周总理比我到得还早，他已经将晚会现场检查过一遍了。

我正准备向周总理打招呼，还没开口，周总理先问我："柯华，这里谁负责呢？后面五排位子怎么没有人坐？"

我一愣，然后放眼望去，看到后排的位子确实空着。

周总理冲我大声喝问："柯华，问你呢？谁负责这里？"

"我不知道。"我的确不知道是谁负责观众席的工作。

周总理严厉地对我说："你们就知道出了问题推来退去！柯华，你立即去组织观众，五分钟内把位子坐满。坐不满，唯你是问！"

我见周总理真的生气了，也顾不上考虑观众席到底应该由谁负责的问题了，赶紧跑出去找汪东兴，让他立即调警卫团的战士把后面五排位子坐满。

不到五分钟，我看到警卫团的战士一一坐好了，跑去报告周总理。

显然周总理也看见了，不再生我的气，但他还是严肃地说："礼宾司就得负责礼宾方面的工作，礼宾工作出问题，我就唯你是问！"

我虚心接受周总理的批评。

晚会开始之后，我悄悄地问了在怀仁堂的同志才知道，周总理检查晚会组织情况的时候，先后询问中央人民政府典礼局局长余心清、国务院文委主任张致祥、国务院机关事务管理局局长高登榜，是谁负责观众座位的问题，他们都说不知道。我刚一进怀仁堂的门，周总理问我时，我和他们三个人一样，来了个"不知道"，所以周总理发火了。

等到晚会结束，我从怀仁堂回到家里时已是凌晨两点了，还没来得及躺到床上，电话突然响了。

谁这么晚打来电话？

我一接是张彦打来的，张彦是周总理办公室的副主任。

我问张彦："这么晚找我，周总理那里一定有什么急事吧？"

张彦告诉我："也没有什么急事，是周总理专门让我给你打的电话，今天晚会开始前批评你，批评错了，责任不在你，周总理说让你别放在心上。"

我听张彦这么一说，连忙说："一定转告周总理，不论应该是哪个人负责，周总理对我的批评都是好的。总理那么忙，请他千万别把批评我这种小事情放在心里。"

我放下电话后，躺在床上，心里不是滋味呀！准确地说是不安。周总理每天有处理不完的事情，为了这么一件小事，凌晨两点让他的办公室副主任张彦给我打电话，这说明他对我们干部的关心是如此地细心周到。

其实据我在礼宾司工作的两年时间来看，周总理不仅对我们的干部处处体现出细心周到，在外事活动中，周总理的细致乃至对每个人的尊重尤其让人钦佩，有三件事情为证。

第一件事情是国庆节的晚上，我们国家的领导人还有邀请来的外国领导人一起在天安门城楼上观看烟花和联欢会。

周总理坐下后，习惯性地看看了周围的情况，突然，他叫我过去。

我问道："周总理，有事吗？"

周总理指着不远处正在观看烟花的缅甸总理吴努及其他几位缅甸客人说："你给吴努总理他们准备大衣没有？"

我马上意识到吴努总理等几个缅甸客人还穿着缅甸的民族服装，就是那种短短的白色上衣，还有长裙子。而现在正是北京的初秋时节，特别是晚上，已经略有寒意了。

我站在周总理身边，不知道该说什么，心想，我的这个疏忽有可能让客人们着凉，但现在赶紧给吴努总理他们制作大衣显然是来不及了，到商店去买也不现实，因为商店早就关门了。

正当我思索着怎么解决这个问题的时候，周总理说话了："柯华，你现在就去王府井百货大楼找他们的经理，那里货比较齐全，赶紧买几件大衣来。"

我听后转身就要走。

"柯华，你先别急着走。"周总理叫住我，"你好好看看吴努总理他们几个人的体形，尽量买得合身些。"

我站在那儿，仔细地打量了吴努总理他们几个人的身材，然后向王府井百货大楼赶去，找到值班经理买大衣。

等我拿着大衣赶到天安门城楼上，我发现吴努总理他们几个人都感觉到了北京初秋夜晚的凉意，我把买来的薄呢子大衣给他们披上，告诉他们这是周总理特意安排的，他们都为周总理的细心而感动。

再有一件事，1955年9月，我们和丹麦会谈外交关系升格的问题，周总理对此很重视。

丹麦在1950年和我们建立了外交关系，不过一直都是互派公使的关系，经过五年来双方的努力，现在各个方面的因素都成熟了，有了互派大使的条件。

周总理到会谈室看了之后，目光聚焦到会谈室里摆放的几盆花上。

我观察周总理的眼神，显然是对这里摆放的几盆花不满意。

果然，周总理发表了自己的意见："你们摆的花应该重新摆一下，位置不理想嘛。摆花要摆得恰当，要让来的客人见到这些花有愉悦的感觉。再说了，摆花也是有学问的，现在摆成这样，显得我们无知……要动脑筋。"

大家认真地听着周总理说摆花的事，可没有一个人去动手摆。

周总理的确说得对，可我包括礼宾司的其他同志，没有人知道这花该怎么摆才能达到周总理说的那种效果，谁也没有这方面的知识。

周总理见此也明白大家的难处，所以他说完话就指挥大家把花重新摆放了一遍。

大家按照周总理说的摆法一调整，效果还真不一样，刚才那种摆放确实显得有些生硬，有"造"的痕迹。

周总理也满意了，他对我说："以后做礼宾工作，大事小事多动脑筋，干什么事情都不简单，都有学问，特别是礼宾工作，里面学问大得很，要多想问题，多钻研。"

我想周总理指挥大家在会谈室重新摆花，看起来简单，实际上是结合实际情况给我们的礼宾工作做了一次现场指导，是一堂教育课。

最后，我再讲一件事情。我原以为这个事情自己已经做得很好了，没有什么纰漏了，但到了周总理那里，问题还是很大。

事情的原委是这样的：1955年，东南亚国家印度尼西亚总理阿里·沙斯特罗阿米佐应邀访问中国，我们以隆重的礼遇接待他。当时的大背景是美国政府在东南亚国家之间针对中国专门搞了一个《东南亚集体防御条约》，这个条约对我们来说有敌意，但印度尼西亚没有买美国的账，拒不参加《东南亚集体防御条约》，坚持和我们保持友好关系。

沙斯特罗阿米佐总理在中国访问期间，周总理要为他主持一个隆重盛大的欢迎宴会。

我刚刚把有关宴会的具体工作安排做好，周总理打来电话问我准备的情况，我在电话里汇报之后，周总理还是有些不放心，他说："你现在把宴会的座次名单带上，到我办公室来一趟。"

在去周总理办公室的路上，我反复想了想，觉得这个名单应该不会有什么遗漏或者疏忽的地方了，毕竟这是我和礼宾司其他同志及相关单位的同志反复推敲、认真研究后做出来的。

我走进了周总理的办公室，把座次名单交给他，周总理让我先坐下，他拿过名单仔细地看了，之后让我把每一桌的主宾和主陪的情况详细地告诉他。

周总理一边听我说，一边提出好多问题和他的修改意见。

我记下周总理给出的意见和建议，方才明白我和礼宾司其他同志及相关单位在考虑宴会座次名单的过程中犯了一个指导思想方面的错误。

是什么指导思想方面的错误呢？我在考虑宴会座次安排的时候，重点考虑了印尼总理沙斯特罗阿米佐所率领的代表团的客人及其他外国友人的安排，而对我们参加陪同的人考虑得就不那么细致了，所以周总理才在这个座次名单的基础上给予了修正。

周总理说："你只是考虑客人，对陪客考虑不周，不够细致。"

"陪客？"我有些不明白周总理的意思。

周总理告诉我："你要从各个方面来考虑座次名单的问题，咱们这次请了许多党外的民主人士作为陪客，咱们请民主人士来不是简单地参加一个宴会，而是请他们来做外交工作。你看，你在安排主宾的同时，就要考虑好主要陪同客人的适应人选，这一点不能马虎。一马虎，造成什么局面了？'一人向隅，满座不欢'嘛，是不是这样？"

我点点头，座次名单的确存在这样的问题。

说完座次名单，周总理又向我要那天的菜单。

我把菜单递给周总理，他边看边修改，并问我："你了解不了解沙斯特罗阿米佐喜欢吃什么？柯华，你得首先了解了他们的习惯，然后再定菜单，千万别搞主观主义、一厢情愿的事情。"

周总理把菜单放下，又说："这样吧，柯华，还有时间，你尽快去找找沙斯特洛阿米佐总理的随行人员，仔细了解一下他的口味，然后把这个菜单再做些调整。柯华，你可得记住了，请客请客，就要'投其所好'，可不能搞成'客随主便'喽。"

我按照周总理的要求去找沙斯特罗阿米佐总理的随员，了解了客人们的口味，然后对菜单进行了调整。

果然，那次宴会举办得非常成功，用现在的话说，叫"好评如潮"。

周总理审定座次名单，安排宴会菜单，指出要"投其所好"，不能"客随主便"，对我的启发和帮助很大。后来，我出国去做大使，每次请客或者举行宴会，我都格外注意这两个方面的安排，效果的确非常好，从我和他们的接触中，我能感到客人们在内心深处体会到了中国人的好客与热情，把彼此间的距离拉近了许多，增进了了解与友谊。

买大衣、摆花、宴请座次的安排、定菜单，我讲这几件小事的主要目的是想更进一步说清楚一个道理：我在礼宾司工作期间，除了感受到周总理对人的关心与尊重之外，还有就是他在外交工作中事无大小、缜

1955年12月30日,挪威首任驻华特命全权大使克洛洛·亨生向全国人民代表大会常务委员会委员长刘少奇递交国书后合影(左起:黄华、余心清、克洛洛·亨生、刘少奇、周恩来、季茂登、柯华)

密细致的风格。

我在礼宾司工作期间经历了这个司的初创阶段,在我看来,多数工作如果没有周总理的具体指导和帮助,根本就不知道会是个什么样子。

我认为在我担任礼宾司司长期间,礼宾工作有个最为突出且显著的特点,几乎对每一个访华的外国代表团,我们的接待规格都非常高。不像现在,礼宾工作相对来说简单了许多。

比如说国宴,每次都有燕窝、鱼翅这类菜,宴会的时间也很长。其实像燕窝、鱼翅这类菜,东南亚国家的人的确比较喜欢,但西方人对它们感冒不感冒就两说了。

宴会上"四菜一汤"这种规格是毛主席提出来的。不过从另一方面来讲,当时诸如组织机场迎送、群众夹道欢迎、宴会要上名贵菜品等等,也有一定的必要,毕竟来我们国家访问的代表团相对少,我在礼宾司的任期内,咱们国家的外交正处在打开局面的时期,高规格的礼宾接待有

1956年1月19日，外交部礼宾司司长柯华（左）在火车站迎接阿富汗驻中国首任特命全权大使阿卜杜尔·萨马德（右）

利于促进我们在外交上打开局面。

就我个人来说，真想尽职尽责地搞好礼宾工作，但我自认为我的性格不适合搞礼宾工作。

我举个例子。一般情况下，我陪同国宾走进房间，国宾要把外面穿的大衣什么的脱下来，我作为礼宾司司长，应该接过他脱下的大衣或外服，挂到衣帽架上，可是我不懂，反应也慢，好多次都是周总理接过衣服，帮忙挂上的。你看看，我这样子，不适合在礼宾司工作吧？

还有礼宾工作的性质太繁杂，外国代表团来访，一般情况下，周总理都是到机场去迎接、去送别。我手里有个名单，作用是标明谁是谁，谁穿什么颜色的衣服，大家合影时，本来我按照名单就能把合影时每个人站的位置搞好，但有时人家把衣服换了，也不通知我们，我手里拿着名单，看着一群人，就糊涂了。周总理一看我这个样子，马上要过名单，亲自安排大家所站的位置。我真佩服周总理的记忆力，怎么就那么好，只要见过一面或看过照片，他都能认出来。

我在礼宾司工作了一年多之后，曾经对人说过这样一句话："从事外交工作，礼宾工作不能不干，但不能久干。"

这句话传到了周总理那里，他就说："柯华是个好同志，换个别的工作吧。"

周总理这么一说，刚好外交部要成立"西亚非洲司"，我就调到这个司做司长，成为外交部首任西亚非洲司司长。

新中国外交耆宿柯华95岁述怀

正在觉醒的大陆：非洲

1956年—1964年

·17·

到礼宾司工作时，我不知道礼宾工作具体做什么。

到西亚非洲司工作时，我对非洲的情况还是不了解。要说对非洲能有些了解的话，那也是地理概念上的。

西亚非洲司成立的时候也就二三十个人，我任司长，副司长是何功楷，下面有两个科，周南是西亚科科长，孙浩是非洲科科长，两个专员是宫达非和李玉池。我问他们对非洲有什么了解？大家说了说，了解的程度都不深。我想，不仅仅是我自己，要让西亚非洲司所有的人都尽快熟悉情况。

我布置西亚科科长周南做调研工作，他有时间，因为当时西亚科对口的单位只有叙利亚一个使馆。非洲地区，我作为重点来抓。

大家都不熟悉非洲的情况，怎么搞工作？所以开始的阶段一律是学习，去查资料，先不要对非洲问题发表言论。

我们查资料都是从最基本的情况入手，比如非洲有多少个国家？这些国家的历史是怎么样的？每个国家当下的具体情况怎样？总统是谁？与西方国家、与社会主义国家之间的关系如何？等等，等等，把这些功课做完，再通过各种能想到的办法搞一些具体的调查研究，最后大家一起开会，把各自掌握的情况拿到会上来讨论，先务虚嘛。

三个多月以后，我对非洲的情况算是有了基本的了解，就给中央写了关于非洲情况的报告。

从1956年底到1957年初，毛主席、周总理他们对非洲也没有很深入的了解，毕竟以前接触少，了解不多，所以我在报告里除了宏观地讲了整个非洲的情况及一些主要国家的概况之外，重点讲了今后我们对非洲在外交方面应该采取什么样的方针和政策。当然，我在报告中提到的这些方针、政策都是些意见和建议。

上级看了这个万余字的报告之后，给予了相当的肯定。

我不大好自己评价我主持的这个报告整体上对我们国家以后与非洲国家之间的交往有什么决定性的作用，仅就我个人而言，后来陪聂荣臻访问非洲，包括我到几内亚、加纳做大使，在我处理一些具体问题的时候，我觉得这个报告起到了不可或缺的参考作用，在某些问题的具体处理方面还有依据性。

就在我搞这个报告的过程中，非洲西北部的摩洛哥在7月份刚刚独立，然后摩洛哥的议长就率团来华了。

由摩洛哥议长率领的代表团是我接触的第一个非洲国家的人。

国家很重视摩洛哥代表团的来访，毛主席亲自会见了他们，我作为西亚非洲司的司长也参加了会见。

客人坐下之后，毛主席请他们喝茶。

毛主席问摩洛哥的议长："你们还习惯喝茶吧？"

议长说："喝。我们摩洛哥人和你们中国人一样，有喝茶的习惯。"

但据我所知，摩洛哥人喝茶和咱们中国人喝茶还是不太一样，比较浓，茶里加糖加薄荷。相同的地方是和咱们中国人一样讲究茶具的品味，他们有些高级的茶具是用白银制作的。

毛主席听说摩洛哥人也喝茶，就接着问："你们国家的人都喝茶，那是不是你们有许多茶园呀？"

议长说："没有，我们国家不种茶。"

毛主席听了，没有说话，若有所思。

议长接着补充了一句说："我们国家的茶叶都是从中国进口的。"

毛主席问："那你们每年需要进口多少茶叶呢？"

议长说："大概要上千吨茶叶。"

毛主席对摩洛哥的国情有所了解，知道摩洛哥刚刚独立，国家穷，以前一直是法国、西班牙的殖民地。毛主席接着问："你们每年进口上千吨的茶叶，那得花不少的钱了？"

议长说："每年要1200万美元左右。"

毛主席问："你们国家的气候适合不适合种茶叶？有没有适合种茶叶的地方？"

议长明白毛主席话中的意思，马上说："我们国家可以种茶叶，可以在山区种，山区的气候比较适宜种茶叶。"

毛主席说："那我们帮你们种茶叶。"

议长当然知道咱们中国在世界范围内种植茶叶都是相当有来头的，他一听毛主席说要派专家帮助他们种茶叶，反复称谢，看得出来他很激动。

毛主席会见摩洛哥代表团后，20多天左右，周总理碰到我，问我："那天毛主席答应帮助摩洛哥种茶叶，你落实得怎么样了？安排到哪一步了？"

我说："没有做具体安排。"

周总理说："你没有安排？主席讲的时候，你不在场？你没有听到？怎么不抓紧落实？毛主席的指示你怎么能拖着不办呢？"

我说："我在场，也听到了。我想等摩洛哥方面正式提出来以后，我再好好研究具体实施的方案。"

周总理说："不要再说了，你现在就去，立即落实。"

我很快联系了有关部门，随后专家到摩洛哥进行考察，研究、制订了具体的可行性实施方案。

至此，我们帮助摩洛哥种植茶叶的事情看起来算是告一段落了，但对我来说，在针对非洲问题上，这个事情还是促使我有了一些思考。我个人认为，毛主席、周总理之所以要帮助摩洛哥去种茶叶，颇有深意。

自50年代末期60年代初期起，我们国家开始对非洲大陆的许多国家进行大规模的经济援助。实际上在1956年的深秋，毛主席、周总理就已经开始酝酿、筹划、实施对非洲这些刚刚独立的国家的经济援助了。

为什么要对非洲国家进行经济援助呢？非洲这些刚刚摆脱西方殖民地统治的国家，经济都不发达，比较穷，我们给他们经济援助，从根本上帮助其巩固了政权地位，他们与我们友好往来的意义也就非同一般，意义深远。

我们建国之际，世界的格局还是遵循着"雅尔塔体系"这个大框架，社会制度、意识形态是国际社会成为东、西方两大阵营的标志。而我们和非洲国家的交好，可以为我们在纷纭变换、错综复杂的国际环境中拓展一个新的外交空间。

尽管1956年时中国和苏联的关系还好，但随着时间的推移，60年代初期，中苏交恶，美国依然持续着封锁中国的政策，毛主席、周总理先行一步，与非洲国家的交往，不能不说他们具有高瞻远瞩的战略眼光。

1956年下半年成立"非洲司"以后，大概有小半年时间，1957年的早春，最重要的事情就是聂荣臻副总理作为国家特使出席加纳的独立盛典。

加纳在非洲西部，因盛产黄金，独立之前叫"黄金海岸"。本来加纳这个国家古老得很，3至4世纪的时候就建立了王国，那时候正是中国的魏晋时期。加纳王国的鼎盛时期相当于咱们中国的北宋时期，但后来从15世纪开始，加纳就不断地被西方殖民者入侵、统治。西方殖民者主要看上的是加纳的黄金储量，当然象牙也必不可少。据说加纳的黄金储量有20亿盎司，在独立前就已经开采了500年，独立之后还能再开采700年。在西方殖民者眼里，加纳确实是块"肥肉"。到1897年的时候，加纳全境彻底被英国殖民了，英国人叫它"黄金海岸"。

加纳能在被英国殖民了60年之后独立也是经过了一番艰难的过程，

1957年3月6日，加纳独立，近10年前，1947年12月29日，一个政治组织"黄金海岸统一大会党"成立，这个党主要的也可以说是唯一的政治诉求就是寻求加纳的自治。当然，加纳独立并不是和英国彻底没了关系，它还留在英联邦里。

说到加纳留在英联邦里，这里面就有些意思了。

我陪同聂荣臻副总理去加纳，此外还有周南和其他几名工作人员，一共四五个人组成代表团参加加纳的庆典活动。

1957年的时候，从北京没有直航去非洲的航班，我们一行人先到了瑞士。在瑞士，聂荣臻问我："我们去趟法国看看？"

我国和法国没有建交，显然去不成。

聂荣臻给我讲了一些他年轻时在法国的故事，感慨地说："我很想念那个时候，去不成法国，就吃顿法国菜吧！"

中国驻瑞士大使李清泉找了一家不错的法国菜馆，请聂荣臻副总理和我们几个人吃饭。菜都是聂荣臻亲自点的，如果他不点，我们也不知道点什么好。算不算法国大餐，我没有比较，说不上来。

我们从瑞士又去了英国，住在代办处，聂荣臻副总理和苏联驻英国大使马立克见了一面，谈了一些加纳的情况。

3月3日，我们乘坐的飞机抵达加纳首都阿克拉。

阿克拉在整个西非算是一个相当发达的城市，是那种典型的殖民地城市，英式建筑很多，马路、港口等设施一看就是为了加纳的黄金输出而修建的。

当时到机场迎接我们的是加纳的第二号人物博齐约，他在政府中担任贸易、劳工部部长。

我们刚到酒店，加纳方面就通知我们说，晚上，加纳总理恩克鲁玛希望会见聂荣臻特使。

听到这个消息后，我们感到有些意外。

这可是一件大事情！我们刚到，恩克鲁玛总理就希望当晚会见，足以说明一个问题，加纳对中华人民共和国表示出十分的友好和敬意，其他国家可没有这样的待遇。

我这样说可能没有把问题讲透，我做个比对，大家就明白了。

当时美国也派特使率领了一个代表团来参加加纳的庆典活动。美国的特使是谁呢？理查德·米尔豪斯·尼克松，大名鼎鼎，当时他是美国副总统，后来他当上了美国总统。

尼克松率领的美国代表团有多少人？60多人，比我们多得多。

我们是3月3日抵达阿克拉，尼克松率团是2月28日到达阿克拉，也就是说，尼克松比我们早到了三天。在这三天里，恩克鲁玛总理没有会见尼克松，他是在会见我们之后的第二天才会见尼克松的。

再者，加纳的总理恩克鲁玛很有一番美国的背景，1935年到1945年，恩克鲁玛在美国留学10年。之后，他才去英国，搞法律方面的研究工作。这个时期，他在伦敦建立了"西非国民大会秘书处"，做秘书长。1946年，恩克鲁玛首先提出争取非洲统一和完全独立的口号。

从恩克鲁玛的简单经历可以看出来，他对美国包括对待英国的态度颇为复杂微妙。当我们中国进入恩克鲁玛的视野之后，他的态度就显得很鲜明。

3月6日，举行庆典的那天傍晚，加纳方面搞了一个观礼台，聂荣臻特使被安排在第一排很显著的位置就座，我被安排在第五排。

我坐下的时候，发现尼克松坐的位置很靠后，在第十三排，比我们代表团团员的位置还靠后。

我总结加纳方面对我们的态度之后，从中发现了两个问题：

一、加纳总统、恩克鲁玛总理对中国非常重视。

二、加纳虽然独立了，但它还留在英联邦里，与英国和美国的关系颇为微妙，它们不是铁板一块，之间还有矛盾，要不然加纳方面不会对尼克松的座位如此安排。

当然，英国和美国也有矛盾，加纳虽然留在英联邦里，但它和英国也有矛盾，而且矛盾是公开的。

加纳独立庆典活动的地点是阿克拉市的独立广场，这里靠近海边。

海风，夕阳，笑脸，舞蹈，欢腾的人群，激越有力的非洲鼓鼓点，这些在我看来都是一种喻示：自由，自由终于在加纳这块古老的土地上诞生了。

然而加纳和英国的矛盾也就在这个自由的夜晚必然地出现了。英国是老牌殖民主义国家，所以一些官员说起话来充满殖民主义色彩也就不足为怪了。

英国总督科拉克在加纳独立日的讲话让人听了非常反感，他说："加纳的独立是大不列颠殖民主义自然的结果，我自以为作为一个大不列颠殖民主义者而感到骄傲。"英国人的固执、殖民主义者的大言不惭与自傲被科拉克总督的一席话演绎得淋漓尽致。

加纳总理恩克鲁玛针对科拉克总督的话予以还击，他说："独立是加纳人民经过无数痛苦、牺牲和长期坚持斗争的结果。加纳人民把帝国主义和殖民主义强加在我们身上的枷锁抛弃在了身后。"

英国是大国，加纳是小国，总督科拉克的态度与我们中国对加纳的态度大有区别。

我讲一个细节，即可见证我们国家对待非洲新独立国家所持有的那种泱泱大国的胸怀和对他们的尊重。

我陪同聂荣臻回国后，加纳总理恩克鲁玛给我们来了一份电报，主要内容是感谢中国派出特使聂荣臻参加独立庆典活动。

加纳来了感谢电，我们就需要回复。回复的电报文稿由非洲司有关同志起草好以后，我认真地进行了修改、审定，然后上报到周总理那里，请他最后定夺，再发出去。

周总理看完电报文稿，把其中的一句"在聂荣臻副总理与阁下的会谈中"改成了"在阁下与聂荣臻副总理的会谈中"，两人前后位置的变化，足见我们的态度。

有一次，我陪周总理去巴基斯坦访问。巴基斯坦方面非常重视周总理的访问，驻华大使阿哈默德先行一步，回国去做前期安排，由临时代办陪同周总理一起坐专机前往巴基斯坦。

专机抵达后，巴基斯坦总统前往机场迎接，并且举行了隆重的欢迎仪式。

巴基斯坦的临时代办对我说："周恩来总理已经顺利抵达了，我先告辞，祝你们心情愉快，访问成功！"

我和这位临时代办握手告别，并说："谢谢代办先生陪同周恩来总理。"

欢迎仪式结束的时候，周总理四处张望，像是在找什么人，最后我发现周总理的目光落在了我的身上。

我连忙走过去，周总理问我："那个巴基斯坦的临时代办呢？"

我说："他同我告别了，我向他表示了感谢，并送他走了。"

周总理说："你没有留他？"

我说："没有。"

周总理说："他是陪你还是陪我？"周总理很不高兴，冲着我说："是陪我来的。我怎么能不亲自感谢他？你要替我留他一下嘛，让我和他告别，谢谢他。"

我说："刚才一下飞机就是欢迎仪式，我看您很忙，是我考虑不周。"

周总理说："柯华，你记住，不论怎么忙，不论对哪一国人，我们都要尊重，考虑事情要周到全面，特别是外交场合，更应该处处注意。"

总而言之，我们之所以在当时赢得了很多外国朋友的支持，一个根本的核心是在对待非洲国家包括亚洲的好些新独立的小国家时对他们的尊重，这是关键所在。

· 18 ·

1957年4月27日，中共中央下发文件《关于整风运动的指示》，我知道又来运动了。

我记得很清楚，5月1日，《人民日报》把这个文件全文刊载了出来。其实好几个月之前，八届二中全会的时候，中央已经决定要在1957年进行党内的整风运动。

根据文件，中央决定在全党进行一次以正确处理人民内部矛盾为主题，以反对主观主义、宗派主义、官僚主义为内容的整风运动，要发动群众向党提出批评建议，发扬社会主义民主。

好事情呀，我非常赞同和拥护！本来嘛，党内确实存在主观主义、宗派主义和官僚主义，反一反对我们的工作肯定有好处。

我除了参加外交部的会之外，还在西亚非洲司召集大家开会，具体贯彻落实这个文件。

5月上旬，也就是"大鸣大放"的后期，我听到一些言论，当然有外交部的，也有外面的，还有一些民主党派人士的，对党和政府批评得比较厉害，问题比较尖锐，比如说"共产党与民主党派轮流坐庄"。言论开始激烈之后，我慢慢地发现运动的风向开始转变。果然，毛主席写了一篇文章《事情正在发生变化》，党内发下来。

6月2日，《人民日报》发表了题为《这是为什么？》的社论，我在西亚非洲司要组织大家认真学习。我发现尽管社论上讲"少数右派分子在帮助共产党整风的名义之下，企图乘机把共产党和工人阶级打翻，把社会主义的伟大事业打翻"，但在社论的最后还是说到"共产党仍然要整风，仍然要倾听党外人士一切善意的批评"的话。

这时，张闻天到我的办公室来，他说："柯华呀，你怎么不写大字报呢？你不能只是领导司里的大鸣大放，你自己也应该参加进来嘛。"

我说："是，应该。我参加。"

张闻天接着说："你看看人家阎宝航，大字报写得多好。你要和阎宝航比赛嘛，和他比赛写大字报。"

我听了张闻天的话，马上就写了一张大字报：中国共产党万岁！

张闻天不是要我和阎宝航比赛嘛，所以第二天我又写了一张大字报：中华人民共和国万岁！

当我的第三张大字报贴出来的时候，张闻天把我叫到他的办公室，"柯华，你看看，你今天写的这个第三张大字报的内容——毛主席万岁！再看看你前两天写的内容。我看呀，你不能光写这些吧，要写具体意见嘛。总理对你批评了许多，你也应该有意见嘛。"

我说:"总理批评我是比较多,但我没有什么意见。"

过了几天,整风的风向彻底变了,全面进入"反右运动"。

本来嘛,我在过去的一个多月里也没有说什么,部党委开会时,要给西亚非洲司的两个干部定为"右派",一个是专员李玉池,一个是科长。我参加了这次的部党委会,表态说反对给他们定"右派"。但我讲归我讲,不起作用,部党委定了,我还得执行。

这时,我就讲了点策略,我叫副司长召集全体人员开会,狠狠地批评他们,大家都批评,使劲地批评。

我把干部司司长刘英请来参加会议,刘英是党委委员,要让她看看我执行部党委决定的力度。

我大张旗鼓地搞他们的材料,材料搞出来了,却很单薄,该批评的都批评过了,材料里面还能有什么新鲜货?没有什么了。虽然部党委决定他俩为"右派",但却没有什么材料,最后只得作罢。后来李玉池对我有意见,说我在反右的时候批评他太严厉,实际上他不了解这些内情,我到现在也没有告诉他。

西亚非洲司的"反右运动"就这样过去了,但部里的反右气氛依然浓烈得很,火力主要集中在乔冠华、龚澎夫妇身上,罗列了一大堆罪名,集中火力批判他们的右派言论。虽然在名义上外交部没有给他俩定为"右派",但处理起来却相当严厉,要把他俩下放到农村去劳动。

本来我对整风没有意见,但后来的反右,包括对右派分子按罪行轻重受到六种处理:劳动教养、监督劳动、留用察看、撤职、降职降级、免于行政处分,我想就是右派言论,也还是言论嘛,把人这样子去处理,太重了。但我对反右的这种意见只能在心里想一想,也不能告诉谁。

这段时间没有人敢跟乔冠华和龚澎夫妇来往,但我却跑到家里去看他们,鼓励他们。

我说:"你们俩啊,不要灰心,你们做外交工作很合适,肯定还要回来。"

安慰、鼓励的话说了不少,他俩也很感动。

后来果然没过多长时间,他们又回来了。

反右告一段落，西亚非洲司正常的工作还要继续。

这时候，我就给中央写了一个报告，主要谈在非洲问题上，我们应该主要做好当权派的工作。不做好人家当权派的工作，而去发动群众，搞群众工作，这种政策不对，行不通。再进一步讲我们在非洲问题上不要也不能急于帮助他们搞社会主义。非洲大部分国家都很穷，比我们国家还要落后，怎么搞什么社会主义？还是先把资本主义搞好了再说。

我在报告中这样写并不是没有事实依据，这里我讲一个非洲国家的事情。

我在几内亚做大使的时候，几内亚的总统和议长约我到首都之外的一个地方去，请我坐火车去。

我如约到火车站，上了车，却发现火车上没有座位。我和总统、议长就站在车厢里走了百八十公里到了地方。

在火车上的时候，总统和议长和我聊天。

总统说："大使先生，你看看，我穿的这个衬衣都破了，能不能想办法给我找件新衬衣呢？"

旁边的议长也把他的衬衣给我看，说："大使先生，我的衬衣领子也破了，您也给我搞一件衬衣吧。"

这是我经历的看到的具体的非洲国家情况，想一想，在这么穷的国家里搞社会主义，怎么搞？还是应该先把资本主义搞起来再说下一步。

我认为这个报告遵循了调查研究、实事求是的原则，但中央没有采纳。没有采纳的原因，我认为主要是50年代末期，我们在对待非洲问题上存在着"左"的思想。

最后康生在这个报告批了几个字："这是典型的修正主义。"

这下不得了了，当时都在防止修正主义，都在找谁是修正主义，现在我这个"修正主义"被康生发现了，而且还是"典型的"。

外交部高度重视，立即召开全体司长会议，给我开批斗大会。我也想在会上讲讲清楚，或者说申辩一下，但哪里有我说话的份儿，根本不让我说话。

连着三天都是别人批斗我，说我是修正主义，质问我："只做当权派的工作，不去重视在非洲做群众工作，这是什么意思？"

"投降主义嘛。"

"柯华，你竟然鼓吹什么在非洲搞社会主义不行，要搞资本主义？居心何在？"

有人提出对我这样的错误，必须召开外交部全体大会进行批斗。

我真不知道对我的批斗还要多长时间。

几天之后，陈老总和廖承志出面为我说话，才算把批斗会终止下来。

对我的批斗会结束不久，国外发生了大事，美国为保持在中东的势力，第六舰队入侵黎巴嫩，国际局势骤然紧张起来。

外交部开会，由陈老总主持，参加会议的有18个人，讨论对美国的斗争策略，我一口气讲了13条意见。

陈老总说："柯华提的这13条意见好得很，但你们不知道中央有一条对美策略，有这一条就能把问题解决了。"

陈老总把中央的这一条策略讲了出来，的确是运筹帷幄，足以让美国丧胆。陈老总叮嘱道："这一条要绝对保密，我信任大家，给你们做了传达，现在把参加会议的18位同志的名字写下来，做记录，如果泄密，就从你们这18个人中间追查。"

之后，我写了一篇文章，主题是反对美国的帝国主义行径，要在《红旗》杂志上发表。

中央一位负责思想理论的领导在里面加了一句话，他把文章中涉及到的非洲一个国家的总统比喻为"中国的蒋介石"。

我一看，觉得这样比喻他国领导人不妥。

我问章汉夫："这样比喻人家不合适吧？"

章汉夫说："是不合适。这样吧，你去跟他把情况说明一下。"

我跑到这位中央领导那里，说明情况，请他删去这个比喻。但这位中央领导固执得很，坚持不同意把这句话删掉，并批评我，说我的思想严重右倾。

"反右运动"刚刚结束，这位中央领导站在他的那个位置上提出批评，就显得问题尤为严重了。

我回到外交部，对章汉夫说了这位中央领导的意思和批评我严重右倾的话，章汉夫觉得不能再在这篇文章上坚持什么了，我只有沉默了。

《红旗》杂志最终还是把文章发表了，但没有署我的名。由于加进去了那句"中国的蒋介石"，使非洲这个国家的总统和政府对我们产生了相当大的不满情绪，持续抗议了很长一个时期，影响了我们和这个国家的关系，造成了外交方面的被动局面。

· 19 ·

我在非洲司工作到 1959 年年底，组织上决定派我到非洲去做大使。

我向组织上非正式地提出了建议，因为以前一直学的是英语，能不能把我派到说英语的国家。

1960 年年初，我被派往西非的一个国家——几内亚，任中华人民共和国驻几内亚人民革命共和国特命全权大使。

因为曾在非洲司工作，对几内亚这个国家的情况，我还略知一二。

"几内亚"是什么意思呢？有两种解释，一种是说"几内亚"一词来源于柏柏尔语，大概意思是"黑人的国家"；再有就是个传说了，说以前有个航海家，他的船停靠到西非海岸，上岸后碰到一个当地妇女，就问这是什么地方？当地妇女不懂他说的法国话，就用当地语言说了声"几内亚"。这位妇女说"几内亚"的意思是表明自己是妇女，但这位法国航海家还以为她说这地方叫"几内亚"呢。

几内亚从 9 世纪一直到 15 世纪都是加纳王国和马里帝国的一部分，后来先是葡萄牙，接下来西班牙、荷兰、法国、英国都跑来侵略几内亚。

1870 年至 1875 年，几内亚有个叫萨摩利·杜尔的民族英雄，他把几内亚境内的好多小王国还有部落统一了，建立了乌阿苏鲁王国。1885 年，柏林会议将几内亚划为法国的势力范围。1893 年，它被命名为"法

20世纪60年代，柯华和夫人张明及六个儿女合影

属几内亚"。

到了1957年，几内亚民主党领导人艾哈迈德·塞古·杜尔组织了一个半自治领地政府，然后在1958年9月以全民公投的形式，反对法国的戴高乐宪法，要求立即独立，拒绝留在法兰西共同体内。10月2日，正式宣布独立。

多列士在法国很有背景，二战以后是法兰西第四共和国的副总理，颇有影响。这期间，他作为法国共产党中央总书记，劝说艾哈迈德·塞古·杜尔不要提独立的口号，还是参加法兰西共同体，成为共同体的成员。多列士还有个形象的比喻："你看，这个法兰西共同体就像一个房子，有法国人坐的沙发，当然也有几内亚人坐的沙发。"

艾哈迈德·塞古·杜尔听多列士这么讲，就说："我们要的是房子，而不是你们房子里的沙发。"把多列士给顶了回去。

几内亚艾哈迈德·塞古·杜尔总统在争取国家独立的时候还有一句在非洲国家流传甚广的话——宁要自由中的贫困，不要受奴役的富有！其战斗性、鼓动性可见一斑。

艾哈迈德·塞古·杜尔宣布独立之后，中国和其他国家包括美国都很快给予承认，但苏联在几内亚独立的问题上采取了和我们相反的态度，不承认它。

法国不仅不承认，而且相当的不友好，在回复几内亚要求承认其独立的问题上还有侮辱之意，老牌殖民主义的派头大得很。

我去几内亚赴任，中央很重视。为什么重视？因为几内亚是第一个和我们建交的非洲国家，我也是第一位前往非洲的中国大使。

在我启程之前，周总理特意和我谈了一次话。

周总理和我谈话的核心问题可以用四个字概括：尊重、理解。

为什么周总理要向我着重提到"尊重、理解"呢？尊重、理解的对象是谁呢？尊重、理解的深层含义又是什么呢？

要说清楚这些问题，还得从1959年2月陈老总主持草拟的《中共中央关于在对外关系中切实纠正骄傲现象的指示》说起。文件的指向性很明确。当时有些同志在对外关系，特别是在对待亚非一些刚刚获得独立的小国家时，出现了骄傲、急躁的苗头。

"骄傲"是什么？在国与国的交往中，外交官的骄傲是什么？外交官凭什么骄傲？就因为咱们国家大？比这些非洲国家的经济条件好一点？说到底，在我们和非洲国家的交往中，出现了大国沙文主义的苗头。

陈老总还有其他中央负责同志发现了这个问题，所以草拟了《中共中央关于在对外关系中切实纠正骄傲现象的指示》。

陈老总于1959年2月5日将文件上报中央，八天，仅仅八天时间，毛主席就对此进行修改、审定，并且做了亲笔批示。

毛主席的批示更说明了一个问题：最高领袖也注意到了我们在外交方面有了大国沙文主义的苗头。

往细处去分析就能发现，出现大国沙文主义思想的重点在非洲国家，你不可能在这个时期与西方国家的交往中出现大国沙文主义，由此可以看出毛主席对非洲国家在我们的整个外交格局中的重视程度。

毛主席的批示主要分三个层次：第一，上报的相关文件所涉及的问题不齐整，应该有相类似的还没有收集到。第二，既然存在缺点，并且

柯华夫妇摄于20世纪60年代

涉及外交,性质就显得比较严重了,所以要改正,立即改正。第三,讲了下一步应该怎么办,要教育大家,把各个方面的道理讲清楚,急躁、骄傲、浮夸要不得,必须无条件地、彻底地清除大国沙文主义思想,牢固树立国际主义思想。

毛主席的批示下来以后,我参加了相关的学习讨论会。

现在周总理对我提出在几内亚工作期间的要求,我立即明白这不仅是一个尊重几内亚政府和人民,理解几内亚国情的问题,实际上是要彻底地让自己在工作中不可有丝毫的大国沙文主义思想,对他们始终所持的态度只有一个——尊重、理解。

反观这几年我在几内亚的工作,恰恰因为遵循了周总理对我叮咛的这四个字,我才在处理一些与几内亚政府较为棘手的问题时有了不错的结果。

我到了几内亚才发现,除了政府官方人士对我们中国有所了解之外,一般人对中国的了解程度几乎为零。这是什么意思呢?说到底,我们在几内亚民众中的影响力为零，没有人了解你嘛。

起初好多几内亚人见了我或者见了使馆的其他同志，都以为我们是日本人。

本来我们和几内亚的交往可以追溯到明代，就是郑和下西洋的时期，但后来我们国家的命运几乎和几内亚一样，被西方殖民主义者侵略。百年来，我们也在努力寻求摆脱被西方殖民主义者侵略的出路，根本顾不上和非洲国家交往，其影响力降至零点。

直到新中国建立后，因为和这些非洲国家有过在面对西方世界时大致相同的命运，非洲那一代独立解放运动的领导人对我们新中国的态度不仅是友好，而且大有尊为先行楷模之意。我认为这就是我们与非洲多数在民族解放运动中获得独立的国家建立友好外交关系时，已然形成的国家层面的重要心理。

· 20 ·

我前往几内亚赴任。到了首都科纳克里之后，首要的事情是给中国大使馆盖房子。

盖房子需要时间，在房子没有盖好之前，中国使馆的工作人员先在科纳克里一个叫"法兰西"的饭店住下来，然后展开工作。

尽管科纳克里是几内亚的首都，但人口却不多，只有20多万。饭店掐着指头就能数过来，就那么几家，而这个法兰西饭店在硬件上算得上是相当不错的，除了中国使馆的人住在这里之外，还有些其他国家的外交机构也设在这里。

住下来之后，中国使馆的同志和法兰西饭店方面发生了一些不愉快的事情，主要问题是我们使馆的人去饭店餐厅吃饭，经理是一位法国人，态度颇为倨傲。当然，服务也根本谈不上，不时发生故意找茬儿的事情。

我注意到了这个问题，也看到使馆的同志多次找这个经理进行沟通，可是他的态度并没有好转，反而变本加厉。

有一天，我因为需要紧急处理一件事情，没有到餐厅吃饭。使馆的一位同志跑到我的办公室来，说那位法国经理又在没事找事，而且大有升级之势，问我怎么办？

我说："你和他对着吵架不好，你发脾气、抬高嗓门也不好。纠缠到具体的事情上，是不是还得争吵？"

使馆的同志问我："那你说怎么办？"

我想想之后，告诉他说："你去给这个法国经理说这么一句话，然后你看他什么反应。"

"什么话呢？"

"你去告诉他，注意不要声色俱厉，要平平淡淡地说：'现在殖民主义的时代已经过去了。'"

其实我这话的意思就是斥责这位法国经理就是殖民主义者。

这位同志回到餐厅，法国经理还在嚣张，大吵大闹，乱发脾气，说着一些出格的话，极其令人厌恶。

周围有好些人在看热闹，也有餐厅里的几内亚服务员。

我们这位同志走到法国经理面前，法国经理以为这位同志要和他争吵，便摆开了接招的架势。

可他听到的却是我们这位同志略显轻蔑的话语："先生，殖民主义的时代已经成为过去了。"

法国经理眨巴着眼睛，望着我们这位同志，一句话都没有，慢慢地低下了头，然后转身落荒而逃。

周围看热闹的，特别是那些几内亚服务员，见此情景，十分高兴，向我们使馆的同志投来赞许的目光，甚至还有人按捺不住地冲那位法国经理发出了嘘声。

这位法国经理虽然离开了现场，但越想越生气，我怎么能让中国人给教育了？还说什么"殖民主义的时代已经过去了"，太丢人了！

他也是急火攻心，"噔噔噔"三步并作两步，直接闯到我的办公室

柯华大使向几内亚总统艾哈迈德·塞古·杜尔递交国书

里来理论。

"大使阁下,我可以告诉您,我不是殖民主义者。您看我,我像殖民主义者吗?我绝对不是殖民主义者。"

法国经理说完一遍,怕我没有听清楚,继续重复着他不是殖民主义者的话,努力地辩解着。

我见他这么说,觉得这个法国经理还不像有些在几内亚的法国人,以殖民主义者自居,感到"殖民主义者"是一个光荣的称号。

他的情绪渐渐地平复下来,语速也放慢下来的时候,我说:"你对住在这里的中国客人的态度倨傲,服务方面不能和其他客人一视同仁,这些都是你的错误。"

法国经理不吭声。

我继续说:"你也知道,在如今的国际社会,做一个殖民主义者并不是一件多么光彩的事情。殖民主义者是什么?是要被历史的潮流抛弃进垃圾堆的。经理先生,我听您刚才对我说的话,我也认为您和我一

柯华大使在中国驻几内亚使馆看报

样,非常厌恶殖民主义,更不愿意将'殖民主义者'的大名安在您头上,对吗?"

"当然了,我当然不是一个殖民主义者了。"法国经理再次表白。

我说:"所以我希望你今后对待中国客人像对待其他客人一样,我也希望你今后以友好的姿态对待每一位住在这里的客人,好吗?有错误,就改正,这没有什么。"

法国经理承认了自己的错误。

之后,饭店里再也没有发生过对待中国客人倨傲不公的情况。

本来这是一件很小的事情,但传播速度却快得很,许多人都知道了法国人向中国人认错的事。对几内亚人来说,以前几乎没有遇到过法国人向谁认错这种事情,整个科纳克里城的人都对中国人产生了钦佩之情。

前面我说过,刚到科纳克里,好多几内亚人以为我们是日本人,但这件事情发生之后,包括后来我们派往几内亚进行援助项目的工作人员增多了,许多几内亚人把日本人又给认成了中国人。

柯华大使夫妇的双胞胎儿子柯大双、柯晓双手提大龙虾在几内亚留影

总而言之，我们在几内亚渐渐地有了一些影响，几内亚人民对中国渐渐地有了了解。

我们逐渐地以几内亚为"起点"，将新中国的面貌展现给其他西非国家。

有两件事情非常值得一提。在说这两件事情之前，我有必要对当时我国的外交政策做一个回顾。

我到几内亚赴任正是20世纪60年代的初始之年。现在回想起来，整个60年代，我们的外交成果不大。

我这里有个数据，当然这个数据是公开的，没有什么秘密可言。

50年代的10年间，新中国在国际社会扮演的角色相当活跃，先后和36个国家建立了外交关系。

再看70年代的10年间，中国积极改变了60年代的外交政策，先后和66个国家建立了外交关系。

最后看60年代，这里我只说一下1960年到1966年之间，我们仅仅和16个国家建立了外交关系。

1966年之后先放下不谈，因为这期间没有一个国家和我们建立新的外交关系，还有印尼、加纳等四五个国家和我们断绝了外交关系。我们的外交可以说是走进了死胡同，连毛主席在1969年3月22日与中央"文化大革命"碰头会成员及陈毅、李富春等人谈话时都说："我们现在孤立了，没有人理我们了。"1995年，《党的文献》第6期发表了毛主席这次谈话的全文。

为什么在60年代国家的外交政策会导入"反帝反修"的思维模式？前面我提到过1958年我任西亚非洲司司长时给中央的那个关于对待非洲民族独立国家问题的报告，受到康生的批评，说我是"典型的修正主义"。这里我需要进一步说明，其实中央的外交政策在那个时候已经开始出现了"左"的苗头了。进入60年代的急剧转变是有根源的，一个很大的根源在于中苏两党的论战发生分歧，关系恶化，导致国内"左"的思潮蓬勃而起。再加上当时我们和美国的关系问题，特别是毛主席，他很讨厌美苏冷战格局牵制了中国，就以"左"的"革命"姿态来对待，逐渐地将外交政策方面的统一战线变成输出革命，非常要不得呀！

1960年，我在几内亚展开的与加纳、马里两个国家建交的工作，可以说是我们与西非国家建立崭新外交关系的一个非常好的开端，但可惜的是，随后的局面就不容乐观了。

的确，我根据国内的指示，负责和加纳、马里建交的开端非常好，甚至有些传奇色彩在里面。

先说加纳吧，独立前，它称"黄金海岸"，1957年3月6日宣布独立，改名为"加纳"，成为英国在非洲殖民地中第一个独立的国家。1960年7月1日，加纳共和国成立，虽然仍留在英联邦，但国家元首不再是英国女王，总统由先前的总理恩克鲁玛担任。

在英国女王作为加纳国家元首的三年时间里，加纳和中国没有外交关系。

1958年，加纳获得独立，我陪同聂荣臻副总理去参加独立庆典活动。就在我们回国的前一天，恩克鲁玛总理要求和我们再见一面。

会见开始之后，恩克鲁玛向聂荣臻副总理诚挚地表示，他非常希望和中国建立外交关系，只是加纳现在受到来自美国的压力很大，困难重重，加纳总的策略是既不参加美国也不参加苏联这两个阵营。我记得很清楚，恩克鲁玛很详细地向聂荣臻副总理介绍了他们和苏联建交谈判的情况，他对苏联方面说过这样一句话："我们加纳是个小国家，有许多工作需要去做，希望苏联能多给一些时间，以便我们有时间安排好。"

聂荣臻副总理听了恩克鲁玛的话，思索了片刻，然后说："我们中国和贵国都曾有过相同的命运，受到过帝国主义、殖民主义的侵略，我们的遭遇是相同的，我希望我们可以相互理解、相互支持、相互友好，我相信这必然会是中国和贵国共同的愿望。"

会谈快要结束的时候，恩克鲁玛说他曾经给宋庆龄副主席写过一封信，不知道为什么没有收到回信。

我当时想，应该是宋庆龄没有收到。如果收到了信，宋庆龄副主席肯定会把信转到外交部，外交部肯定会让西亚非洲司来处理，包括写回信。我作为司长，的确没有见过恩克鲁玛写给宋庆龄副主席的信。

我告诉恩克鲁玛总理："非常抱歉，宋庆龄副主席没有收到阁下的来信。"

我一回到北京，赶紧将恩克鲁玛给宋庆龄副主席写信的事报告给周总理，周总理一听，问我："你怎么回答恩克鲁玛总理的。"我如实答复。

周总理说："你怎么能这么随便地回答人家的问题呢？柯华，你记住，在外交工作中，对没有把握、没有落实的事情绝对不允许随便给人家答复。"

我查了这件事，果然恩克鲁玛写给宋庆龄副主席的信早就收到了，之所以没有被及时转送外交部，是因为宋庆龄副主席的秘书没有及时把信交给她。

4月15日，周总理致电恩克鲁玛，除了对他热情友好地接待聂荣臻一行表示诚挚的感谢之外，重点重申了中国希望和加纳建立外交关系的愿望，并且邀请恩克鲁玛在他认为适合的时候访问中国。

两个月后，恩克鲁玛复电周总理，他特别感谢聂荣臻副总理代表中国政府参加加纳独立庆典，并重点强调说，这本身就标志着两国互相承认和外交关系的存在，只是出于加纳方面的原因，目前两国建立大使级别的外交关系对加纳不利，诚挚地希望中国能给予谅解。

时过境迁，如今加纳宣布废除英国女王为国家元首，是不是和我们有建立友好外交关系的可能性呢？

我当时估计有一点可以肯定，加纳在共和国成立的庆典活动中会邀请中国派人去参加。

我把这些情况汇报给国内，国内指示积极开展工作，向与加纳短期内建立正式友好关系的目标努力。

其实我年初到几内亚之后，非洲有好些国家的外交人士纷纷到科纳克里来找中国大使馆，表示愿意与中国发展友好关系的意向。

我分析了当时加纳在国际社会中的处境，还有加纳国内的环境，而后我在两三个月的时间内多次拜访了加纳驻几内亚代办，使他们对我们有所了解，希望通过加纳驻几内亚的代办将我们的意图传递给加纳政府，包括恩克鲁玛总统。

在进行这些工作的过程中，我总觉得在短期内建交的把握性不大。恰好在这个时候，我有机会拜访了一个在非洲国家，特别是对加纳总统有着不可估量的影响力的人，他就是92岁高龄的杜波伊斯。

杜波伊斯非常了不起，他在整个20世纪上半叶都是当之无愧的全世界黑人运动的精神领袖，被誉为"泛非运动之父"。

杜波伊斯是美国哈佛大学授予的第一个黑人哲学博士，他创造了一个包括社会学学说、非洲奴隶买卖史和小说在内的广阔的著作体系，他的代表作《黑人的灵魂》至今仍然在世界范围内产生着广泛的影响。

杜波伊斯在我任非洲司司长的时候访问过中国，1959年3月19日，毛主席在武汉接见了他，与他有过颇为深入的交谈，杜波伊斯对毛主席非常钦佩。

我去拜访杜波伊斯，谈了我这段时间为与加纳建交所做的前期铺垫工作，并征询杜波伊斯的意见。

我问道："您认为我们同加纳短期内建立正式友好外交关系的可能

性有多大呢？"

杜波伊斯说："我个人认为，加纳成立了共和国，虽然留在了英联邦，但毕竟英国女王不再是国家元首，加纳应该有更进一步的自主性，所以说加纳和中国建立正式的外交关系可能遇到的外界阻力不会太大。"

拜访杜波伊斯没有多长时间，加纳共和国就向我们发出了参加共和国成立庆典的邀请。

很快，国内委任我作为中华人民共和国的代表出席。

我将出席加纳共和国成立庆典活动的相关事宜做了计划，报告给国内。

国内批准之后，离庆典没几天了，我赶紧带上国家主席刘少奇、副主席宋庆龄、国务院总理周恩来写的贺信，准备动身。

乘飞机到加纳首都阿克拉，途中要经过好几个国家，非常不方便。如果搭乘普通航班的话，就有可能赶不上7月1日的庆典活动。

怎么办呢？经过研究决定，我包租了一架小型飞机直飞阿克拉，终于在庆典的前一天6月30日抵达。

庆典活动于7月1日中午12点正式开始。

活动结束之后，加纳方面告知我第二天中午12点，新任总统恩克鲁玛要会见我。

第二天，我见到了恩克鲁玛总统，首先告诉他："我受命代表中华人民共和国政府向加纳人民、向总统阁下表示最诚挚的祝贺。"

恩克鲁玛总统表示感谢。

接下来，我就试探性地问他："我很愿意听听总统阁下对中加关系进一步发展有什么看法？"

恩克鲁玛总统没有直接回答我的问题，而是首先感谢中国政府和中国领导人的祝贺，欢迎中国政府代表的到来。然后，恩克鲁玛总统话锋一转，没有丝毫迟疑地说："阁下刚才问我对发展我们两国关系有什么看法，我可以开诚布公地告诉阁下，最好的办法就是我们在北京设立大使馆，你们在阿克拉设立大使馆。"

恩克鲁玛总统话音甫落，我猛然意识到他已经向我传递了加纳可以与我们很快建交的意图,这大大出乎我的意料,也使我非常兴奋。

我紧接着问:"那么总统阁下认为什么时候在阿克拉和北京建立大使馆合适呢?"

"立刻。"这就是恩克鲁玛总统的回答。

接下来,我和恩克鲁玛总统又说了一会儿话,便起身告辞。

我说:"总统阁下现在非常忙,感谢您对我的接见。"

恩克鲁玛总统说:"忙,我现在真的很忙。建交的事情,我已经对外交部长有过指示,你们具体谈。"

我回到宾馆,刚一进门,还没有来得及坐下休息,喝杯茶,就听见有人敲门。

打开门,进来的居然是加纳的外交部长阿科·阿杰依。

短短不到一个小时,我又一次感到了意外,我刚从恩克鲁玛总统那里回来,外交部长阿科·阿杰依就来了,看来恩克鲁玛总统刚才说的那个"立刻"的确神速。

我觉得在我的房间里谈关于两国建交的事情,场合不是太好,就把阿科·阿杰依请到了宾馆的咖啡厅。

我们落座后,我还想着和他寒暄两句,等服务员把咖啡端上来再慢慢地谈,没想到阿科·阿杰依刚坐到椅子上,就直入主题:"我来是和您谈很重要的事情,商量一下我们在北京建立大使馆,你们在阿克拉建立大使馆。总统告诉我,这个事情需要立即办。"

我说:"我们应该立即办。"

我沉吟了一下,然后对阿科·阿杰依说:"这里面是不是应该有个程序问题,至少我们两国应该有个建交公报吧?"

阿科·阿杰依说:"那当然了。"

我说:"那就请阁下草拟一个建交公报。"

谈话至此,我想阿科·阿杰依该向我告辞,回去草拟公报了。没想到阿科·阿杰依居然在我话音刚落时,顺手就把旁边的一张报纸扯过来,拿出笔,在报纸的白边处写了起来。

最多10分钟,中国和加纳的建交公报草稿就写好了。

柯华大使向加纳救国委员会主席阿昌庞递交国书

柯华大使检阅加纳仪仗队

见此情景，我终于明白了，阿科·阿杰依在来找我之前就打好了建交公报的腹稿。

"大使阁下，请您看一下。"阿科·阿杰依边说边把报纸递给我。

我仔细看过之后，告诉阿科·阿杰依："公报上应该写上这么一句话。"

"大使阁下，您讲。"

我说："这句话很重要，要加上'加纳政府承认中华人民共和国是中国唯一合法政府，台湾是中国不可分割的一部分'。"

"好的。"阿科·阿杰依从我手上把报纸拿过去，然后一字不差地将我说的这句话加写了进去。

我征求阿科·阿杰依的意见："您看看还需要修改什么？"

阿科·阿杰依说："没有了。那我们就在这里先草签，然后我马上拿回去打印，咱们再正式签字，怎么样？"

我和阿科·阿杰依分别签了字。

我看了看表，从阿科·阿杰依进入我的房间，到坐在咖啡厅，再到我们俩草签完建交公报，前后不到15分钟。

现在回想起来，这可能算得上是世界外交史上罕见的建交公报草签速度了；而坐在咖啡厅里，拿着一张报纸在其边空处起草建交公报，其形式之独特，恐怕也是空前绝后的。

接下来，我和阿科·阿杰依商量草签完毕之后应该着手进行的两项工作。

我们约定，当天下午，由我给阿科·阿杰依写一封信，信中主要是写"经双方商定，确定建交公报内容如下"等等，然后阿科·阿杰依给我复信，复信的目的在于确认。

第二，1960年7月5日，格林威治时间13时，中国政府和加纳政府分别在北京和阿克拉同时发表建交公报。

商议妥当后，我和阿科·阿杰依握手告辞。

我回到房间，马上写好了给阿科·阿杰依的信函，然后静等他的回函。

7月2日，已到了傍晚时分，我却还没有等到阿科·阿杰依的回函。

我想会不会有什么变故呢？但想归想，马上在海滨广场有一个庆祝

柯华大使在中国驻加纳使馆办公室工作

活动,我必须赶紧过去。

我走进主会场,抬头一看,杜波伊斯先生正坐在位置显要的沙发上,加纳总统恩克鲁玛席地坐在杜波伊斯的前面,两个人正交谈甚欢。

我快步走到恩克鲁玛总统和杜波伊斯跟前,向他们打招呼。

我特意对杜波伊斯先生说:"尊敬的老朋友,我要告诉您一个好消息,外交部长阿科·阿杰依遵照恩克鲁玛总统阁下的指示,同我商定加纳同中国立即建立大使级外交关系。"

我之所以先向杜波伊斯说这个话,有我的意思。我不能因为没有等到阿科·阿杰依的复函,直接问总统"你们的外长为什么还没有给我回函"。但现在总统就坐在地上,他的老师坐在沙发上,我向杜波伊斯说明中加建交这件事情,总统肯定要有话说。

果然,恩克鲁玛总统向他的老师杜波伊斯说:"是的,正如中国大使所说,我们两国决定立即建立大使级外交关系。"

听恩克鲁玛总统这么一说,我也就打消了因为没有收到阿科·阿杰依回函所产生的猜测与疑虑，一颗悬着的心放了下来。

庆祝活动结束之后，我回到宾馆，马上用密码电报向国内说明了7月2日中午之后所发生的情况，并和国内约定，如果国内接到我用新闻电报发的电讯是如下内容："中国驻几内亚大使柯华访问了阿克拉，恩克鲁玛总统接见了中国大使。"就是说情况没有变化，国内可以在格林威治时间7月5日13时发表中加两国建交公报。

第二天，即7月3日一整天，我还是没有等到阿科·阿杰依的复函，我一夜未眠。

7月4日，又是一整天没有任何消息。

虽然7月2日的傍晚，我听到了恩克鲁玛总统肯定两国建交的话，但那毕竟只是一个口头的肯定，两国正式建立外交关系，本身就是非常庄重的事情，没有一个正式的外交文件来往，说不过去呀！

转眼到了7月5日上午，我突然接到国内的长途电话，向我核实是否加纳外交部已经发表了中加建交公报。

这时候我才知道国内已经从外电的报道中知道加纳方面发表了建交公报，但是我还没有收到阿科·阿杰依的复函。

终于，上午9点多钟的时候，阿科·阿杰依的复函到了。

我赶紧向国内发回新闻电讯，北京也正式发布了中加建交公报。我这才长出了一口气。

我回到几内亚后不久，黄华被委派为中国驻加纳首任大使。

12年后的1972年12月，我再次来到非洲，出任中国驻加纳大使，可以说我和加纳有相当的缘分。

世人皆知西非的三个国家几内亚、加纳、马里是出了名的联盟国，关系非常密切，领导人之间更是相交甚笃。现在，我国已经先后和几内亚、加纳建立了外交关系，就剩下马里了。

尽快与马里建立正式外交关系是国内指示我这一阶段工作的重点。

马里这个国家的历史在非洲很有些独特性。14世纪的时候，马里之强大，从它的版图上就可窥一斑，西起太平洋，东至加奥，向北纵深到撒哈拉沙漠，拥有非洲著名的产盐区陶德尼，向南延伸到了赤道热带

柯华大使在中国驻加纳使馆院内留影

森林的边缘,囊括了加纳未曾占有的产金区。马里的输出商品主要是盐、黄金,还有奴隶。14世纪中叶,著名的旅行家伊本·巴图塔在游记中记载,马里每年都有定期的商队到开罗去,这可不是一般的商队,规模有多大呢?由12000头骆驼组成。

马里在这个时期有许多大城市,其繁华程度可圈可点,如延巴克图、瓦拉塔、迭内、加奥等。我再讲一个14世纪马里帝国国王曼萨·穆萨的事情,他要去麦加朝圣,路过开罗时,他赏给埃及官员们的黄金之多,造成了开罗金价暴跌的后果。

马里富庶之誉远播欧洲,不仅富,其军队的数量在非洲大陆也不容小觑,有10万军队,1万骑兵,在尼日尔河上还有舰队。

总之,马里与其他非洲国家最大的不同在于,它曾经的强盛在非洲有着独一无二的特性。

西方对马里觊觎已久的国家是法国,但它对马里的入侵与殖民也不是很容易就搞成了。19世纪50年代,法国开始发动对马里的殖民战争,但这场战争整整持续了60多年，直到1916年方才彻底结束。接下来，就是法国对马里疯狂的殖民掠夺。

马里在法国殖民统治时期叫"苏丹"，是法属西非联邦的一个组成部分。30年代，法国为了使马里彻底成为它的原料供应地，干脆设立了一个"尼日尔局"。

二次世界大战之后的1946年10月，法国国民议会中的非洲籍议员们在巴马科聚会，成立了一个组织——非洲民主联盟。

非洲民主联盟的政治诉求很明确，就是为了在法兰西联邦内争取各种权利。联盟内有个支部——苏丹联盟，从此成为马里人争取民族独立解放运动的领导力量，总书记是莫迪博·凯塔。

从非洲民主联盟成立，经过12年的努力，到1958年9月，马里成为了法兰西共同体内的自治共和国。

1960年的6月，马里联邦在法兰西共同体内独立。但马里联邦和法国之间因为社会改革、经济联系等一大堆问题的存在，马里联邦在8月份宣告破裂。

9月22日，苏丹联盟党召开了特别代表大会，正式宣布苏丹独立，定国名为"马里"，由苏丹联盟总书记莫迪博·凯塔出任总统。

马里宣布独立的时候，周总理收到了莫迪博·凯塔总统的致电，向中国政府通报了情况。周总理复电，表示祝贺。

而与此同时，莫迪博·凯塔总统也给台湾国民党方面有个通报，说它独立了，国名为"马里共和国"。

我认为莫迪博·凯塔总统一方面向周总理通报，另一方面又向台湾国民党方面通报，是出于自身利益的考量。毕竟马里共和国的成立需要得到世界各个国家的承认，特别是需要加入联合国，有个席位嘛。但新中国这时候因为台湾国民党方面的原因，还没有进入联合国，中国政府在联合国安理会常任理事国的席位还是由国民党占据着。马里共和国是否能进入联合国，台湾国民党有个表决权的作用在里面，所以莫迪博·凯塔总统也向台湾国民党方面通报，从某个角度来讲，我表示理解。

台湾国民党方面接到这个通报之后，马上派人到巴马科来，搞所谓

1960年10月22日,柯华访问马里时发表讲话(右一为翻译朱应鹿)

的"外交"。

国内收到莫迪博·凯塔总统的致电之后,立即给我一个指示,要我抓紧研究是否可以尽快与马里共和国建立外交关系的可能性,并着手展开工作。

我立即从科纳克里动身,前往马里的首都巴马科,准备和马里共和国的首脑们先行接触一下。

我从飞机上下来,英国路透社的记者追着问我:"大使先生,您是不是来谈判与马里建交的?"

这时候,因为有一个台湾国民党方面的问题在里面,我没有把握与马里能否谈判成功,所以告诉路透社的记者:"我是来友好访问的。"

我在巴马科停留了两天,和马里方面进行了接触,他们表示还是很希望和我们建立外交关系,但马里也需要进入联合国。

我返回科纳克里,静观其变。

台湾国民党方面在收到马里共和国成立的情况通报后,也派了人跑到马里,好像还谈得不错。果然,在马里加入联合国,希望成为联合国会员国的问题上，没有行使否决权。9月29日，联合国宣布马里成为联合国正式会员国。

但仅仅五天之后的10月4日，情况陡然出现变化，莫迪博·凯塔总统致电周总理，明确了四个意思：

第一，马里共和国声明承认中华人民共和国。

第二，马里共和国愿意与中华人民共和国建立外交关系。

第三，马里共和国宣布与台湾国民党断绝外交关系。

第四，马里共和国正式邀请中华人民共和国驻几内亚大使柯华访问马里，具体磋商有关两国的建交事宜。

我与国内函电往来沟通，领会了国内与马里建交谈判中所需要把握的主要精神，然后在莫迪博·凯塔总统致电周总理之后的第十八天，我再次飞往巴马科。

我判断第二次的巴马科之行的收获应该不错。

我抵达巴马科机场，走下飞机，一见到马里方面派出迎接我的人员时，我大感意外。马里共和国议会议长、副议长和财政部长等要员都来了，从外交礼仪上来讲，这是超规格了。

两天后，莫迪博·凯塔总统接见我的时候亲自在政府大楼门口迎接。

我刚一下车，莫迪博·凯塔总统快步走下台阶，和我握手。

我们坐下来后，莫迪博·凯塔总统开门见山地说："阁下一个月前访问巴马科的时候，我们没有见面，原因嘛，因为当时我们要力争减少各方阻力，顺利进入联合国，希望阁下给予理解。"

我说："当然。"

莫迪博·凯塔总统说："我们希望与贵国立即建立外交关系。"

我说："我们的愿望一致。"

莫迪博·凯塔总统紧接着说："我是否可以请大使阁下为我们双方草拟一个建交公报呢？"

听到莫迪博·凯塔总统这么说，我马上从公文包里取出文件递给他，"这份草稿请总统阁下审阅修改。"

莫迪博·凯塔总统接过文件，由衷地说："阁下的工作很令我们钦佩。

明天早上 10 点，马里联盟党政治局所有委员还有政府的所有部长一起和阁下进行我们之间建交问题的会谈。我马上研究这个公报草稿，如果没有其他意见的话，就可以确定了。"

下午，遵循外交惯例，我给莫迪博·凯塔总统正式去函，表示中华人民共和国希望与马里共和国建立正式的外交关系。

莫迪博·凯塔总统复函，表示了马里共和国希望和中华人民共和国立即建立正式外交关系的愿望。

晚上，我邀请莫迪博·凯塔总统参加我们举行的电影招待会。

电影招待会就在广场上举行，莫迪博·凯塔总统和马里的所有部长都如约而来，巴马科的民众也赶来参加。

放电影之前，我在致辞中说："我谨代表六万万中国人民向兄弟的马里人民致敬！热烈祝贺马里民族独立！热烈祝贺马里共和国诞生！"

这时候，广场上响起了山呼海啸般的掌声和欢呼声。我忽然意识到，这是广场上的民众听到"我谨代表六万万中国人民"这个关键词而爆发出的掌声和欢呼声。在非洲，"六万万"这个数量词无疑是个天文数字，非洲一般国家也就几百万人，上千万人口的国家寥寥无几。现在，有 500 万人口的马里人听到地球上有个 6 亿人口的国家支持他们、祝贺他们，怎么能不激动、不欢呼呢？

接下来放映的电影，毫不掩饰地说，其轰动效应堪称空前。

我带了三部影片，分别是《欢庆的十年》《中国针灸》《移山填海——厦门大桥》。有两个场面值得一提：在《中国针灸》这部影片中，有一组镜头是叙述失去行动能力的病人通过针灸治疗重新站立起来，观众们发出了雷鸣般的掌声；还有就是表现建国后修建厦门大桥的纪录片，在通过镜头叙述建设者肩扛手抬把一筐筐石头倒入大海筑坝的时候，我注意到所有的观众都凝视着银幕，忽然又欢呼雀跃起来，这是对中国人为了改造大自然所付出神奇力量的赞许。

三部影片放映结束之后，莫迪博·凯塔总统表示非常感谢，说这三部电影很好看。我也表示谢谢莫迪博·凯塔总统亲自来看电影。

莫迪博·凯塔总统说："我有个请求。"

我说:"请讲。"

莫迪博·凯塔总统说:"我希望阁下将三部电影给我们留下来,我需要让更多的马里人看到,我希望所有的马里人能通过电影了解到伟大的中国是我们的朋友,有6亿中国人民支持我们。"

我当然答应了莫迪博·凯塔总统的要求,留下了三部影片。

第二天上午10点,按约定的时间,我前往马里政府大楼,正式谈判马里和中国建交的相关事宜。

莫迪博·凯塔总统还像昨天上午那样站在楼门口迎接我,然后一起进入办公大楼。

谈判进行得相当顺利,正式的签字仪式亦非常隆重,马里共和国所有高级领导人出席了签字仪式,我代表中国政府签了字。

10月22日,我抵达巴马科,短短五天之后的格林威治时间10月27日13时,马里共和国和中华人民共和国同时发表了两国建立正式外交关系的联合公报。

从1960年早春我踏上非洲这块古老的大地,到仲秋时节我在巴马科签署建交公报,整整10个月,对我个人来说,这是我外交生涯的一个高峰。对我们国家来说,特别是在国际社会中引起了强烈的反响,被国际社会公认为这是中国政府在非洲外交事务中具有划时代意义的重大进展。

历史不能假设。但如果假设我们国家在60年代没有在外交政策方面"左"的思想的侵蚀,能实事求是、脚踏实地地展开外交工作,那么也就不会出现1969年毛主席的感叹:"我们现在孤立了,没有人理我们了。"

· 21 ·

在这里,我集中讲一讲在担任几内亚大使期间,牵涉到政治问题、意识形态方面的两件事情。

我们和几内亚建交之后，苏联及其他社会主义阵营中的国家都先后和它建立了外交关系。

苏联和几内亚建交之后，苏联大使和几内亚政府方面发生了一些问题，开始只是小摩擦，后来愈演愈烈，导致几内亚政府有些忍无可忍了，所以总统艾哈迈德·塞古·杜尔决定驱逐苏联驻几内亚大使。

本来几内亚政府驱逐苏联大使是几内亚和苏联两国之间的事情，但艾哈迈德·塞古·杜尔总统在处理这件事情的时候，把当时所有驻几内亚的社会主义国家的大使都召集起来，通报了这个事情。

艾哈迈德·塞古·杜尔总统先是简单地介绍了一下情况，然后宣布驱逐苏联大使。

最后，艾哈迈德·塞古·杜尔总统冷淡地对当时所有在场的社会主义国家的大使说了一句话："这就是我对你们和你们所代表的国家的意见。"

这句话说得很不恰当，很不友好，意思好像是说几内亚对所有社会主义国家都是这个态度，问题严重了。

我回到使馆，立即召开党委会研究这个事情。

讨论时，有人对苏联大使在几内亚大搞大国沙文主义的活动相当不以为然，颇多责备之辞。

我发言的中心意思也是指责苏联大使的大国沙文主义，但是我个人包括党委其他成员也有这样一个认识：艾哈迈德·塞古·杜尔总统的话很不友好。

我说："艾哈迈德·塞古·杜尔总统的话太伤感情，让人反感，打击面太宽，他指责了所有的社会主义国家。"

我为什么会有这个想法呢？我想我的思想主要还是受当时社会主义阵营这个大圈圈的影响，社会主义国家之间都是兄弟国家，有着相同的意识形态，艾哈迈德·塞古·杜尔总统的话指责了所有的社会主义国家，当然不能接受了。

由此我和其他党委委员达成共识：艾哈迈德·塞古·杜尔总统对中国不友好，对社会主义国家不友好。

1960年9月，几内亚总统艾哈迈德·塞古·杜尔（左排左三）率代表团访问中国，毛泽东主席（右排右三）、刘少奇副主席（右排右四）、朱德总司令（右排右五）、周恩来总理（右排右一）、何英司长（后排右一）与他们进行了友好会谈

党委会结束，我把大家达成的共识写成报告，用电报发回国内。

到了晚上休息的时候，我又觉得自己包括党委会上大家的认识似乎还有不恰当的地方，但哪里不恰当，一时又说不上来。

我躺在床上想：艾哈迈德·塞古·杜尔总统为什么要做出驱逐苏联大使的决定呢？关键也应该是唯一的理由，他对苏联大使的大国沙文主义做法到了忍无可忍的地步，完全针对的是苏联，应该不是针对中国及其他社会主义国家，艾哈迈德·塞古·杜尔总统包括几内亚政府对中国还是友好的。

这是我重新思考，可以说是推翻白天使馆党委会上我们达成共识的核心之所在。

第二天天一亮，我再次召集党委会，把昨天晚上我对艾哈迈德·塞古·杜尔总统及几内亚问题的重新认识对大家谈了。

我说："昨天那个报告不妥，我决定向国内重新发电报，讲清楚。"

使馆党委大多数同志听了我的意见后大加反对，好几个同志劝我不要再给国内重新发电报了。还有同志劝我说："你现在重新发电报，就会犯右倾错误。"

"右倾"这个罪名就大了，戴上右倾的帽子，我……

我最终说："既然大家不同意以使馆党委的名义向国内发电报，那么就以我个人的名义给国内写个报告，发回去。如果出现问题，所有责任我个人承担。"

报告发出去后不久，国内回电，认为第一次报告中对艾哈迈德·塞古·杜尔总统驱逐苏联大使的分析存在错误，肯定了第二次以我个人名义发去的报告，认为我重新分析后所得出的艾哈迈德·塞古·杜尔总统和几内亚政府对中国政府的友好态度没有改变是正确的。

其实我当天将第一次报告给国内发回去之后就认为不妥，晚上我得出的艾哈迈德·塞古·杜尔总统对中国的友好态度没有改变的判定有相当的事实根据，我这里举几个例子。

当时我们国家的乒乓球队获得了第二十六届世界乒乓球锦标赛团体冠军。两年前的1959年，容国团获得了第二十五届世界乒乓球锦标赛男子单打冠军，他算得上是新中国体坛的风云人物了。

在获得第二十六届世界乒乓球锦标赛团体冠军之后，国家体委副主任黄中率领乒乓球代表团到几内亚访问，容国团也在其中。

看到这个情况，我决定以使馆的名义搞一个招待会，招待各国驻几内亚的使节，还有几内亚政府的官员，请他们来观看容国团等人的乒乓球表演。

安排好之后，我给几内亚的外交部长打电话，请他也来参加招待会。

他非常高兴地在电话里答应了，并表示非常希望来看看中国乒乓球运动员高超的球艺。

本来在几内亚首都科纳克里，我们使馆所举行的活动大多数都非常地引人注目，好多外国友人以能受到中国使馆的邀请而感到高兴。

这次招待会也不例外，来了好多人，但这时候却出了点意外，怎么回事呢？

1961年，几内亚总统艾哈迈德·塞古·杜尔（左一）与来访的中国乒乓球运动员容国团（右一）亲切握手（图中为柯华）

我亲自邀请的几内亚外交部长和几位政府高级官员到了约定的时间还没有来，使馆的同志有些焦急，我也一样，心想到底是怎么回事？我告诉使馆的工作人员再等等。

又过了一段时间，几内亚的外交部长还是没有来。

受邀的外国朋友不满地说："几内亚人怎么这么没有礼貌！"

面对这样的情况，我决定宣布招待会立即开始。

容国团和其他乒乓球运动员的球技的确名不虚传，表演一开始就把大家的目光吸引住了，各国使节也暂时忘掉了刚才的不愉快。

我一边看球赛，一边也在分析几内亚外交部长迟迟不来的原因。我们国家国庆节的时候，大使馆都会照例举行国庆招待会，每次都是艾哈迈德·塞古·杜尔总统亲自率领民主党全体政治局委员到会。只有一次招待会，包括艾哈迈德·塞古·杜尔总统在内的所有人都没有来，使馆的同志担心是不是我们和几内亚方面发生了什么不愉快的事情，影响了两国关系？问题会不会非常严重？后来我通过了解才知道，恰好那一天几内亚民主党要召开重要会议，所以他们才没来。

那么今天晚上的招待会，几内亚外交部长没有如约前来，我心里判断，毕竟几内亚独立时间短，在外交礼宾方面的制度尚未健全，我们应该本着理解的态度来面对……在我思索分析的过程中，招待会落下了帷幕。

我送别了客人们，回到办公室。

突然，使馆的同志跑进来告诉我说："几内亚的外交部长来了。"

"他一个人？"我问道。

"不是一个人，他带了好多政府的高级官员来。"

我赶忙迎了出去，几内亚的外交部长也不说客套话，有点像回到了自己家里一样，对我说："我们非常想看看世界冠军的精彩球技。"

我说："没有问题，先坐下喝喝茶，马上开始。"

我们的乒乓球队员确实很好，本来刚刚打完球，应该休息了，但包括容国团在内的所有人都顾不上疲劳，马上进入了状态。

几内亚的外交部长看着表演，不停地和坐在他旁边的国家体委副主任黄中说话。表演完毕，几内亚的外交部长还让容国团坐到自己身边，和他热情地交谈起来。

几内亚的外交部长临走的时候对我说："你们中国的乒乓球了不起，运动员了不起，中国人了不起！"

我送几内亚的外交部长到门口，他突然想起今天迟到的事情，歉意地告诉我："今天我们迟到，非常抱歉，大使阁下，主要原因是刚才我们政治局临时开了一个紧急会议。我迟到了，还请阁下谅解。再次感谢阁下这么好的招待。"

我真诚地说："我也非常感谢阁下的光临。"

这件事情对我判断艾哈迈德·塞古·杜尔总统在驱逐苏联大使事件中到底有没有对中国不友好的态度起了相当的注脚作用。

1960年12月28日，首次中国经济建设成就展览会在几内亚首都科纳克里开幕，柯华大使（前排右一）陪同几内亚总统艾哈迈德·塞古·杜尔（前排左二）及国民议会议长迪阿洛·塞福拉耶（前排左一）参观展览会

而讲到大国沙文主义，也有一件事情足可以说明情况。

我们和几内亚建交之后，艾哈迈德·塞古·杜尔总统向我提出希望中国政府帮助拍摄一部关于几内亚的纪录片。

艾哈迈德·塞古·杜尔总统想拍摄关于几内亚的纪录片，有他的考虑，他给东欧几个国家也发出了邀请，请他们帮忙拍摄。

我们国内的摄影队到几内亚之后，我先介绍了情况："首先，几内亚的自然风光非常迷人，很有看头，原始森林，沼泽里的鳄鱼，猴子、蟒蛇、大象，更有许多部落，这些部落的人全身都涂着色彩，脸上也涂，一般不穿上衣，妇女戴很大的鼻环，还能看到在国内已经见不到的刀耕火种的情景。不论是原生态的自然风光，还是部落社会的民俗民风，这些都能代表几内亚吗？我认为不完全代表几内亚。"

我向摄影队提出问题："几内亚这些原始状态的根源是什么？为什么几内亚保持了这么多原始的东西？它的社会构成难道永远需要保持这

1960年12月28日,首次中国建设成就展览会在几内亚首都科纳克里开幕,中国驻几内亚大使柯华在开幕式上讲话

种原生态吗?"

"当然不是。几内亚独立之后,部落中的孩子也要上学,村子里的学校非常受欢迎。几内亚也需要城市建设,刀耕火种也需要有现代化的农业来替代,拖拉机毕竟比刀耕火种要好吧?几内亚独立之后,发展了教育,发展了农业,也搞城市化建设。几内亚政府希望我们国家派摄影队来拍纪录片,他们希望我们拍什么?当然希望我们把几内亚现在的发展和变化拍出来,而不是像西方人那样,镜头永远对准的是几内亚的原始与落后,让几内亚人看了很反感。我们的纪录片应该拍些什么,不应该拍些什么,同志们应该清楚。"

我进一步说:"几内亚人由于几百年来受到殖民主义者的侵略与迫害,现在独立了。和其他国家比较起来,各方面都不发达,有因为落后所导致的自卑感,同时也有很强烈的民族自尊心,你稍微有不到之处,就会触动几内亚人的感情,对人家的自尊心就可能造成伤害,所以说同情不是最根本的问题，最根本的问题是对几内亚人的尊重，而这种尊重又怎么体现出来呢？那就是把我们的镜头对准几内亚人当下的生活，反映他们对明天的憧憬。"

后来这个摄影队足迹遍及几内亚各地，经过大家的努力，终于拍成了一部相当优秀的纪录片。

我邀请艾哈迈德·塞古·杜尔总统来观看影片，他欣然接受了我的邀请。

影片开始放映了，我观察艾哈迈德·塞古·杜尔总统，他看得非常专注。当电影画面出现美丽的原始森林、漂亮的西非最大的海湾的时候，总统的脸上露出了赞许的微笑；当画面中出现几内亚人在农田中开着拖拉机进行耕种，大片大片的庄稼，城市里的高楼，延伸的铁路，教室里孩子们琅琅的读书声的时候，总统再也按捺不住内心的喜悦，站起来带头鼓掌，现场的所有人也都站起来鼓掌欢呼。

影片放映结束，艾哈迈德·塞古·杜尔总统紧紧地拉着我的手，兴奋地说："大使阁下，中国是我们几内亚真正的朋友，中国和我们一样坚信几内亚的明天，中国人民和我们一样尊重几内亚的文化。中国人民不像别的国家，他们来几内亚就是猎奇，只会拍鳄鱼、拍猴子、拍大蟒蛇，你们拍了我们真实的生活，拍了我们建设中的国家，拍了我们的孩子，拍出了我们的希望。"

不仅仅是拍电影，我始终告诫自己要对几内亚有充分的尊重。在几内亚这几年，"尊重他们"始终贯穿于我各方面的工作中。

不论是对待艾哈迈德·塞古·杜尔总统，还是其他政府官员，乃至普通的几内亚老百姓，我和使馆的其他同志从来没有像苏联人那样，从没有过一丝一毫的大国的傲慢，从未出现过大国沙文主义态度。

从我个人这方面来讲，我和艾哈迈德·塞古·杜尔总统相处得非常融洽。国内有个妇女代表团来访问，团长是郭洁，受到了几内亚政府的热烈欢迎。

代表团结束访问，准备回国的这天早上，大家正在吃早餐，突然我们使馆的参赞的夫人急匆匆地跑到餐厅，冲着大家说："来了，来了，来了!"

我心里纳闷,谁来了呢?我正要问参赞夫人,只见艾哈迈德·塞古·杜尔总统独自一人走进了餐厅,连一个随从也没带。

从外交礼仪方面来讲,总统要来,应该通知我,由我来安排,但艾哈迈德·塞古·杜尔总统一大早亲自开车跑到代表团住的宾馆来看望大家,大大出乎我的意料。

艾哈迈德·塞古·杜尔总统对我说:"我的确是临时决定赶来看望中国妇女代表团成员的。今天代表团就要走了,我来不及通知别人,就自己赶来了,主要是怕晚了见不到大家。"

代表团团长郭洁和总统热烈握手,感谢他专程来看望大家。

总统问郭洁这几天在几内亚怎么样?

郭洁告诉总统:"非常好,所到之处都给予了热情的接待。"

总统向郭洁介绍了几内亚妇女的情况,谈到了几内亚妇女的命运,讲述了几内亚妇女运动的过去、现在及将来的发展趋势。

郭洁说:"中国妇女界非常希望能加强与几内亚妇女界的交流,也非常感谢总统能亲自来看望中国妇女代表团。"

总统笑着说:"你们从那么远的中国来,我再忙,也要来看望中国妇女界到几内亚的使者呀,否则我就失礼了。"

中国妇女代表团走后不久,有一天傍晚,工作人员突然告诉我说:"艾哈迈德·塞古·杜尔总统和夫人来了。"又是一次没有提前通报的到访。

我赶忙到使馆客厅去迎接,见我的夫人和总统的夫人手挽着手进来了。

我请艾哈迈德·塞古·杜尔总统及夫人落座。

总统的夫人很直率,她说:"希望来中国使馆可以看看电影。"

我连忙安排人给总统夫妇放电影。

从此以后,总统夫妇经常来中国使馆看电影,或者来闲聊一会儿。

我的夫人张明是大使馆的政务参赞,她和总统的夫人成为了好朋友,两个人无话不谈。我们的两个大点的孩子在北京上学,总统的夫人表示了深深的关切之情，而张明平时也很关心总统夫妇的孩子。

后来，总统的夫人应邀到中国访问，成为第一个到中国的非洲国家的总统夫人。通过总统的夫人，张明也与几内亚妇女界建立了相当不错的关系。

总而言之，从艾哈迈德·塞古·杜尔总统夫妇与我们后来的交往来看，已经从某种意义上逾越了必要的外交礼仪，而从不事先通报的互相见面这一点来说，他们对中国不可能采取不友好的态度。

我第二次以个人名义发回的电报得到国内的肯定之后，在大使馆同志们的思想上产生了不小的震动，最主要的是对我们国家在几内亚所处的环境有了更进一步的认识。

在党委会上最反对我给国内重新打报告的一位政务参赞向我表示歉意，说他拖了我的后腿。

我对他说："怎么能说你拖了我的后腿呢？第一封电报，我们分析几内亚方面驱逐苏联大使，矛头也同时指向了中国，这是错误的判断，主要责任应该在我个人。因为我对苏联修正主义的认识，说到底，模糊，不清楚。思想方法主要还是没有跟上形势，仍然在社会主义阵营这个大框架下考虑问题，对新的特别是苏联修正主义路线出现之后，新的国际关系格局没有考虑透彻，再加上自己也怕犯了右倾错误，没有以实事求是作为思考问题的出发点，导致了最初的判断。"

最后，我说："咱们做领导工作的不能怕犯错误，怕犯错误，畏手畏脚要不得，再说了，谁工作不犯错误呢？就是犯了错误，咱们立即纠正，纠正一次所犯的错误，思想上、工作方法上就能进步一次。"

总而言之，对艾哈迈德·塞古·杜尔总统驱逐苏联大使这个事情，我在问题的处理方式上有一个波折，核心是意识形态的问题，而下面我谈的这个事情就有着极强的政治性在里面。

几内亚独立之后，西方某些国家对它不友好，甚至还有敌对情绪，搞了一些动作。

几内亚的情报部门获取了一个信息，某个国家在境外要将大笔的伪钞运到境内，目的当然是以此扰乱几内亚的国内经济。

艾哈迈德·塞古·杜尔总统必须处理这件事。他的方式很简单，但也有效，下令在几内亚所有入境口岸检查所有人员携带的物品，要严查。

几内亚外交部照会各国驻几内亚使馆，通报了这件事，指明这次严查包括享有外交豁免权的外交使节和信使。

艾哈迈德·塞古·杜尔总统的命令有违国际惯例。

我接到这个消息之后，我们的信使已经在路上了，很快就将抵达科纳克里。

时间紧迫，立即召开党委会，商量如何应对。首先决定由使馆的政务参赞紧急约见几内亚的国防部长凯塔·福代巴。

政务参赞立即见到了国防部长凯塔·福代巴，向他表明了两个意思：

第一，中国和几内亚一贯友好，绝不会做有悖几内亚发展的违法事情。

第二，希望几内亚方面遵守国际惯例，对中国信使免于检查。

几内亚的国防部长凯塔·福代巴一贯对中国很友好，他向我们的政务参赞也讲了两个意思：

第一，就他个人来说，绝对信任中国信使。

第二，检查的命令是艾哈迈德·塞古·杜尔总统下的，他作为国防部长，必须要执行总统的命令。

政务参赞回来把情况一讲，我决定亲自去面见国防部长。

因为事情紧急，我见到凯塔·福代巴也没有寒暄，直奔主题。

凯塔·福代巴也很爽快，他告诉我说："我在这个问题上做不了主，但我可以立即向总统汇报。"说完，他当着我的面给艾哈迈德·塞古·杜尔总统打电话请示。

总统在电话中说道："如果伪钞流入几内亚，那么对几内亚经济的破坏太大了，经济出现了问题，势必会危害到几内亚国内的稳定。现在这样做，实在是迫不得已采取的非常之举。当然，中国和几内亚是非常友好的国家，如果中国能够带头接受几内亚所采取检查的措施，那么也有助于几内亚顺利实施对其他国家外交人员的检查，希望中国给予帮助。"

为了保证中国信使所带文件的安全，总统在电话里强调，要求国防部长亲自负责检查中国信使所携带的物品。

这时候，我们的信使所乘坐的飞机马上就要降落到科纳克里机场了，我和政务参赞与几内亚方面的交涉却根本没有进展。

下一步我们应该怎么办？

情况紧急，只有再次召开紧急党委会议。

在党委会上，大家统一的意见是：必须按照国际惯例，不能接受几内亚方面对我们信使所携带物品的检查。

会议的气氛很紧张，大家在等着我做最后的决定。

当然，我这时候没有发言，一个是在听大家的意见，再一个我也在思考面对这样一个问题应该怎么办？

这时候我不能急呀！我必须先使自己冷静下来，事情越紧急，就越得沉住气。

现在请示国内，显然来不及了。

中央有规定，驻外使馆在遇到紧急情况的时候，如果党委会的意见不统一，党委书记有最终的决定权。

现在如果要说党委会上有意见不能统一的话，那就是我和大家的意见不一致。我认为不能简单地拒绝几内亚方面的检查，是从三个方面来权衡的：要维护我们国家的尊严；要维护国际惯例；要维护中国和几内亚的友好关系。

最后，我还意识到从政治角度来看待艾哈迈德·塞古·杜尔总统的命令，他的行为应该是一种反帝行为。

我发言了，也就是我行使了中央赋予的最终决断权，我讲了四条：

一、派我们的政务参赞立即去机场，继续与几内亚方面积极交涉，争取不接受检查。

二、如果几内亚方面坚持，可以允许他们打开行李的外层大包。

三、如果几内亚方面在外层大包打开的情况下仍然坚持继续检查的话，我们再退一步，可以允许他们把内层小包打开检查。

四、小包里的密码包不能打开。如果几内亚方面坚决要检查，我们只能允许他们在密码包上剪开一个小口子。

"保守机密是我们的最后底线，但这个问题以政治方面的考虑为主，毕竟几内亚方面做出检查的决定是在反对西方的经济破坏，我们应该支持。"

我的决定一出口，立即引来一片哗然。

有人说我的这个决定就是右倾，有人说我这下注定要犯错误了，还有人担心我做出这个决定要挨批评，受处分。

右倾、犯错误、受处分这些后果对我来说不能不考虑到，但是从中国和几内亚友好关系的大局出发，从几内亚的反帝行动上来着眼，我的决定应该没有什么错误。

我强调立即按我的决定去实施，派政务参赞到机场去。

政务参赞赶到机场的时候，飞机刚刚降落。

政务参赞立即向信使通报了情况和我的决定，信使不同意检查，但我们的外交纪律有一个明确的规定，一切人员在国外必须服从大使馆党委和大使的领导。这样一来，信使也只好服从。

政务参赞再一次和同在机场的几内亚国防部长凯塔·福代巴进行交涉，国防部长仍然坚持要检查，请我们给予支持与合作。

接下来的步骤和我在党委会上设想的一样，打开大包，又开小包，到密码包露出来的时候，政务参赞告诉国防部长："这是我们的密码包。"

国防部长说："你们这个密码包就算打开给我看，我也看不懂呀！"但他的话是这么说，最后密码包还是被剪开了一个小角让他检查。

这时候恰好有一个国家的大使夫妇也下了飞机，受到了搜身检查。

几内亚的检查一结束，我们立即将整个过程向国内进行了汇报。

我在汇报的最后加了一句话："如果我的决定是错误的，一切责任由我一个人承担。"

外交部收到我们的汇报之后，立即起草回电，认为我的处理决定有误，应该坚持国际惯例，不接受检查，对我的处理方式进行了措辞严厉的批评。然后将这个回电电文上报周总理审批。

周总理看完电文，向了解情况的同志详细询问了情况，然后说："几内亚反对外国敌对势力，维护国家的独立和安全，这是继续同殖民主义的斗争，我们应该支持。虽然几内亚方面违反了国际惯例，但这是特殊情况，我们应当理解、支持。柯华在那种紧急情况下做出的决定和处理事情的方法就是实事求是，符合当时的情况，没有什么错误嘛，为什么要发电报批评呢？批评柯华，没有道理。"

·22·

谈到50年代末期至60年代我们国家对非洲的经济援助，从全局上来看，我仅仅了解一些情况，特别是中央的决策层面，知道的不是太多。但我毕竟是当时国家对非洲进行经济援助的当事人，具体工作的执行者之一，回想起来只有四个字：感慨万千。

为什么会是这四个字呢？因为我后来对向非洲国家进行经济援助有一些思考。

大家都很熟悉的国际奥委会主席萨马兰奇曾经说过这么一句话："要看中国最好的体育建筑，请到非洲去。"

什么意思？中国最好的体育场馆不建在自己国家，搞到非洲去了。这说明一个问题：我们当时不仅仅是倾其所有，而且还将我们自己没有的也想尽办法援助给了非洲。

50年代末期和60年代，我们国家在自身经济条件并不好的情况下为什么要对非洲进行经济援助呢？

现在有一种主要流行于学术圈内的说法——意识形态使然。

有没有意识形态在里面起重要作用呢？有。特别是到了中苏论战的中、后期，毛主席因意识形态方面的原因，在对非洲的经济援助中起到了相当重要的作用，反帝反修为第一要务。

但问题往往不是那么简单，仅仅因为意识形态吗？

中央在考量对非洲国家给予经济援助的过程中，国家利益肯定也是一个非常重要的因素，所以我需要再简单地讲一讲当时的国际关系。

有一点不可回避，美国、西方世界对新中国的封锁与敌对，60年代，我们和苏联的关系都为新中国融入国际社会制造了非常大的麻烦。

美国不承认新中国，新中国一直在联合国没有合法席位，这个问题从国家战略利益方面来说必须解决。

对美国，一方面毛主席说它是纸老虎，但毛主席又何尝不愿意使新中国得到美国这个世界头号强国的承认呢？

再说得通俗一些，新中国需要在国际社会中交朋友。我们国家对非洲的政策，我认为交朋友也是一条主线。这个主线在70年代，我们得到了非常不错的回报，中华人民共和国在联合国获取了常任理事国的合法席位，这里面非洲的朋友起了相当的作用。

概括起来说，我们对非洲国家的经济援助是意识形态与国家利益两方面相交织而成的，一个阶段意识形态起主导作用，再一个阶段国家利益起主导作用。

在意识形态起主导作用的时候，"左"的思想又往往占据了主导地位，所以有时候就颇有力不从心之感。

党内对这个问题也会出现反对的声音，1962年，中联部部长王稼祥说："我们实际许诺承担的义务已经超出了中国的实际承受能力，面对国内外的特殊形势，有必要调整对外政策，谋求某种缓和。"

王稼祥说这个话，毛主席听到了，不理他，放在一边。到"文化大革命"时，狠批了王稼祥这个言论。

我个人认为王稼祥的话有道理，更进一步地去感知王稼祥的话，我想起一件具体的事：我们向非洲援建的坦赞铁路。本来美国、法国不给搞，坦、赞两国领导人找到我们，我们就接过来搞。1970年10月动工兴建，1976年7月全线完工，全长1860.5公里。

它是什么背景下修好的呢？是我们国家在自己的钢轨都不够用的情况下修好的，这就叫"力不从心"。

前面我谈到70年代我们在恢复联合国合法席位的时候，非洲的朋友起到了相当的作用。这个作用是怎么来的？当然是我们在非洲结交了大批朋友，对朋友进行经济援助，从我们在国际上的长远战略角度来考量，符合国家利益，但交朋友必须要真心地交。

我在执行对几内亚进行经济援助的整个过程中，真心交朋友是一个原则。

我们对几内亚的所有经济援建项目，都是我会同使馆的同志们经过认真仔细的社会调查，然后与几内亚政府协商之后，最终上报中央的。

几内亚穷，穷到什么地步？没有基础工业。

非洲被殖民主义者统治过的国家有一个共同特点：基础工业薄弱到没有。

独立之后，如果没有国际援助的话，生存将成为最重大的问题。

中国对几内亚的援助主要是工业、农业、医疗几个方面。

工业方面，我经过对几内亚国内情况的调查研究，向他们的政府提出必须先搞轻工业，重工业先放一放。

几内亚民众的日常生活用品奇缺，奇缺到何种地步？不了解情况的人靠想象根本想象不出来，连制造火柴的能力都没有，卷烟也造不了。几内亚人喝茶，但没有茶厂，食用油的工厂也没有。

国内派技术人员过来帮助几内亚人搞卷烟火柴厂，建茶厂，建榨油厂，这些厂子都需要用电，但几内亚没有电厂，国内再派工程人员来搞电厂。

公共设施也谈不上，政府开会连个像样的地方都没有，我们建了一个大会堂，又建了电影院。

农业呢？从最基本的做起，派农业专家来指导他们种植水稻、蔬菜、茶叶。

几乎一切都是从零起步。

几内亚之所以在独立之初，经济上走出困境，与中国对它的帮助有着不可分割的关系。

我这里有个简单的数据很能说明问题。几内亚刚刚独立的几年时间内，接受国际经济援助总量的80%来自中国和东欧国家。

我们为几内亚搞的所有援助项目里，有两点很能说明是真心交朋友，给予了真正的援助。

在援建项目中,我和几内亚政府方面从一开始接触,考虑最多的就是把国内最好的技术、最好的设备给几内亚,但生产方面的原料必须以几内亚的供给为主。如果生产原料解决不了,不帮助他们搞,那么技术设备放在那里,不利于几内亚方面的进一步发展。

再一个,我们的技术人员去了,首要问题是与几内亚人的合作问题。

合作问题中最大的问题是把我们的技术无偿地传授给几内亚本地人。几内亚人会了,成了专家,可以离开中国技术人员,独立运作下去,这个项目才算是完整地做完了。

总之一句话,带着援建项目来,为几内亚培养技术专家。

我一直坚持这个思路,但在刚开始的时候却遭到了一些国内来的技术专家的抱怨。

本来我们给几内亚援建了一个工厂,为他们培养了技术人员。可在工厂接受技术培训的几内亚人一学会技术,人就不见了,就跑到别的地方挣钱去了。

这种学会技术就走人不是孤立现象,普遍得很。

有一天,有个技术人员见到我说:"您看,我花时间、花精力培养了一个电工,其实他也不算完全学会了电工的技术,可人家跑了,简直就是白费劲。"

我问:"他跑哪儿去了?"

技术人员说:"当然不在我们这里工作了,他跑到其他地方干电工去了。"

我说:"你说的这个'其他地方'还在几内亚吧?"

技术人员说:"那当然。"

我说:"这就好办了,他是几内亚人,从你这里学电工技术,没学完就能跑到别的地方当电工,说明什么问题?说明几内亚缺电工,你再努力为他们多培养些电工。再者说了,他没有跑出几内亚,还是在几内亚从事电工工作。他到别的地方工作,说不定把你交给他的技术又传授给了别人,把你的技术成倍放大了嘛。"

这位技术人员一听，心里也就没有疙瘩了。

我们对非洲国家的这种援助模式在国际社会中鲜有人为，特别是在西方世界，人家不理解。

当时英国外交大臣霍姆勋爵在一次与陈老总的会晤中抱怨说："你们怎么能这样向非洲渗透呢？把你们自己的事情管好，专心搞你们的建设多好啊！"

陈老总说："你们西方人有个毛病，总是从个人的一生出发来思考问题，而我们中国人认为一己私利不可取。"

霍姆勋爵理解不了中国人对非洲国家的无私援助，可资深究的原因有许多，但有一点霍姆勋爵承认，陈老总的心胸是广阔的，中国人的胸怀也是广阔的。

真心对待朋友，援建的项目要有切实可行的持续发展态势，不能因为项目问题让人家受制于你。

东欧有一个国家给非洲援建了一个陶瓷厂，这是好事情，解决了民众的日常生活问题，不必再进口陶瓷用品了。我不清楚他们搞没搞调查，事实是陶瓷厂建起来之后，发现没有陶土，没有陶土搞什么陶瓷厂？怎么办？从东欧这个国家进口陶土。这种事情，我们在几内亚是不会干的，让受援国因为原料问题受制于人，没有道理。

我在前面曾经提到几内亚的议长迪亚洛·阿卜杜拉伊当着我的面把他的破衬衣让我看，请我给他弄件新衬衣穿的事。我向国内报告，请求在贸易方面尽可能地把布匹等轻工产品多向几内亚出口一些。

再见到议长时，我送给他一卷国产的布，让他去做衬衣。

然后我跑了几内亚好多地方，考察几内亚有没有可以种植棉花的地方。

过去法国人在几内亚不建棉纺织厂，几内亚人穿衣服用的布都是从法国进口的，很贵，很多人买不起。

刚好几内亚政府计划在东部米洛河边叫康康的地方建一个棉花种植基地，我也去看了，地方不错，适合种棉花。

我给国内打报告，应该派种棉花的专家来帮助几内亚人。

接下来，我又和几内亚政府商量，加紧建成了纺织厂，从根本上解决了几内亚人的穿衣问题。

毋庸置疑，我们国家在几内亚援建的项目做得非常突出，为首都科纳克里建造的大会堂，就是用今天的眼光来看，也是几内亚最好的建筑。无论是建筑形制，还是工程质量，都比几内亚殖民地时期法国人建的法兰西饭店、格柏西饭店、加马因饭店要好许多许多。

从具体的援建项目来讲，我们以解决几内亚具体的民生经济问题为出发点。而在与人的交往上，也是站在真心交朋友的角度来考量一切。

几内亚总统艾哈迈德·塞古·杜尔同父异母的弟弟是国家工程部长，他叫伊斯梅尔·杜尔，和我打交道比较多。

伊斯梅尔·杜尔曾经留学法国，是机电方面的专家，技术性官员。

按常理来说，伊斯梅尔·杜尔从个人的经历等方面来讲，他对外交礼仪应该有所了解，可是他却经常做一些不守时间这样令人意外的"动作"。

苏联大使受不了伊斯梅尔·杜尔不遵守时间的习惯，非常正式地提出抗议。一个东欧国家的大使也受不了他，非常正式地表示遗憾。

外交官向驻在国的政府官员提出抗议、表示遗憾不是小事情，而是很严重的问题。

伊斯梅尔·杜尔不遵守时间，我也遇到过，而且不止一次，明明约好时间到他的办公室，却没人！使一天的工作安排都得重新调整，我也很不舒服，但我能从另一个角度去看伊斯梅尔·杜尔不遵守时间的问题。

我想几内亚刚刚建国，百废待兴，工程部长有多忙，想都想得出来。再者说了，一个新的政府刚刚开始运作，对外交方面的礼仪、时间概念几乎没有形成，应当体谅。有了这样的心态，我和伊斯梅尔·杜尔的交往轻松了许多，在诸多问题上达成共识的几率也就高了。

后来，周总理和陈老总到几内亚访问的时候，我把伊斯梅尔·杜尔总是失约引起苏联等国的抗议，以及我对他失约问题的处理汇报了，周总理很赞赏我对此问题的处理方式。

周总理说："我们都应该做到善于体谅对方，做任何事情不能总是从自己的角度来考虑，要多替朋友着想，才能把人的工作搞好，也才能团结到更多的朋友。"

在援建中，国内存在一些问题，我深有感触的是一些部门的官僚主义作风。

论及国内部门的官僚主义，要从蚊子说起，非洲的蚊子不得了。

在几内亚，你很难看到有单个的蚊子出现，都是一大堆一大团的。蚊子看见你，更是不得了，立即扑上来。有时候两个人在室外说话，这蚊子能飞到你的嘴里，我就遇到过。

国内派了一个由60人组成的援建队伍来几内亚。

下了飞机，安顿好之后，有人来向我报告："他们没有带蚊帐。"

没有蚊帐晚上怎么休息？

蚊子不仅是骚扰得让人睡不着觉，更主要的是被蚊子叮咬之后有可能被传染上非洲疟疾。

我马上告诉使馆的工作人员："必须保证国内来的同志第一个晚上就用上蚊帐。"

使馆的同志从仓库里拿出60个蚊帐，我带着大家赶往援建队的驻地。

刚刚抵达科纳克里的同志已经领略到了非洲蚊子的厉害，正发愁晚上如何睡觉呢！一看我们给大家送来了蚊帐，自然都很感激。

第二天，使馆的同志来找我，问我昨天送去的蚊帐怎么办？

我一时没明白他的意思，疑惑地看着他。

这位同志说："昨天送给援建队的蚊帐是大使馆的。"

我说："我知道是大使馆的。"

这位同志说："这些蚊帐是外交部配发给我们的，你送给了援建队，我们没办法报销，得由派出部门报销。"

我明白了，我让使馆给国内这个派出部门发电报，说明情况，报销60个蚊帐的费用。

国内部门很快就回电了，言辞颇为不客气，说你们使馆怎么能在牵涉到经费问题上来这一手，先斩后奏，我们不予报销。

我一看这个电报，立即给国内部门再发电，进一步说明情况，如果在非洲没有蚊帐，咱们的工程技术人员没办法睡觉，既会影响工作，还有可能得非洲疟疾。使馆出于对同志们的关心，才送去了蚊帐。

电报发过去，国内部门不予理睬，拖着。

我再一次发电报，说明白给援建人员送蚊帐，也是我们对待援建人员的一种政策，是关心。

国内部门的负责人更恼火了，硬是拖了半年多才把蚊帐的费用报销了。这个问题不是孤立的，当然以普遍性来看也不对。我主要的想法是，为什么一些领导、负责同志对待问题、考虑问题的时候总是不能从实事求是的角度去做，从关心人的角度去思考，唯一的出发点就是制度。制度是什么？制度是一种保证，不能成为机械的东西。再有就是一些领导总是考虑自己的权威与面子，而把最重要的实事求是的态度抛开了，这真是要不得。

·23·

下面讲的有点像我在非洲工作时的花絮，但我认为如果真的能称之为"花絮"的话，那也是一些非常有意义的花絮，因为它们都和周总理有着及其密切的关系。

就拿这一章的题目来说，我引用的就是周总理到非洲访问时在开罗发表的饱含诗意的讲话中的一句，全文我记不大清楚了，但有这么几句话，我很清楚地记得："当我们作为中国人民的友好使者来到非洲的时候，我们看见的是一个觉醒的大陆，一个战斗的大陆。在这一片被帝国主义叫做'黑暗大陆'的辽阔土地上，自由的晨曦已经升起，帝国主义的殖民体系正在不可避免地走向土崩瓦解。"

周总理和陈老总到非洲来访问，到几内亚的时间大概是1964年1月。

1963年11月22日发生了震惊世界的大事件，美国总统约翰·肯尼迪在美国南部的得克萨斯州达拉斯市遇刺身亡。

我接到国内的电报指示，让我和几内亚政府方面协商，周总理来访的时候取消从机场到驻地的民众欢迎仪式，目的性极其明确——保证周总理的安全。

这次周总理要访问10个国家，大使们根据国内的指示，积极地和驻在国联系、磋商，向他们讲明道理，希望取消民众夹道欢迎的仪式，最后有8个国家同意了，我和陈家康（中国驻埃及大使）却颇费周折。

陈家康终于说服了埃及总统纳赛尔，不再搞民众夹道欢迎的仪式。

陈家康一方面把纳赛尔说服了，另一方面又担心我这里麻烦大。因为如果我这里没有说服几内亚方面，陈家康就没有办法向纳赛尔总统交待。怎么交待？你们中国总理在我们埃及不搞民众夹道欢迎仪式，却跑到几内亚搞？

陈家康对其他同志说："哎呀，要是柯华没能说服几内亚方面，我这里就有麻烦了。"

我这边和几内亚政府方面也是紧锣密鼓地协商，希望他们取消民众夹道欢迎的仪式。

突然，我们又接到消息，1964年的1月2日，加纳总统恩克鲁玛遇刺。虽然事情不复杂，但却情况危急，恩克鲁玛总统是被他的一个卫士所行刺，这名卫士被敌对势力收买，万幸的是，恩克鲁玛总统并无大碍，但却不便在总统府住下去了，他搬到克里斯兴堡的城堡里去住。

按照行程，周总理很快就要抵达加纳进行访问。

世界的目光聚集到了加纳，准确地说，世界的目光聚集到了周总理身上，中国政府是否会宣布在这个时候取消对加纳的访问呢？

周总理考虑到尽管恩克鲁玛总统遇刺，但正是在这种时候，不论是总统本人，还是加纳人民，都需要得到来自中国人民的支持，周总理决定不改变行程，这一决定本身也是从稳定国际局势的角度来考虑的。

周总理派黄镇（代表团的秘书长）先乘飞机到加纳首都，向恩克鲁玛总统通报中国代表团的决定，一定会如期访问。

1961年7月1日，中国驻几内亚大使柯华（右三）和几内亚外交部长路易·贝阿沃吉（左三）代表两国在友好条约批准书上签字

陪同黄镇拜访总统的是黄华，他是中国驻加纳的大使。两个人见到恩克鲁玛总统后提出了一个建议，因为众所周知的原因，周总理到访的时候，从恩克鲁玛总统本人的安全考虑，就不要去机场迎接了，周总理和代表团从机场直接到总统现在的驻地来会谈，欢迎国宴也在总统的驻地举行。

本来恩克鲁玛总统非常希望周总理访问加纳，但因为自己遇刺，出于对周总理和中国代表团的安全考虑，他正在左右为难，听了黄镇、黄华的话，恩克鲁玛总统非常高兴，也非常感激周总理做出这样的安排，民众不再夹道欢迎。

但我在几内亚的交涉却很不顺利，几内亚方面根本不同意我的建议——取消民众夹道欢迎的仪式。

周总理率领代表团抵达几内亚的前一天，国内再次发来紧急电报，指示我务必加紧争取几内亚方面取消民众夹道欢迎仪式。

我都不记得这是第几次给几内亚国防部长凯塔·福代巴打电话了，我说有要事，需要我们两个人见面磋商。

我放下电话，直奔凯塔·福代巴的家。

到他家时已是子夜时分，凯塔·福代巴跑出来迎接我。

这时候谁都顾不上外交礼仪了，我直接说明希望他们取消明天周总理来访时的民众夹道欢迎仪式。

凯塔·福代巴很为难，他告诉我说："我没有这个权力，欢迎仪式是艾哈迈德·塞古·杜尔总统亲自做出的决定。"

我说："那么你是否方便现在把我们的建议向总统报告一下。"

凯塔·福代巴说："时间太晚了，明天早上，您看怎么样？"

我说："明天周总理率领的代表团就到了呀！"

凯塔·福代巴看着我，没有说话，过了好一会儿，他当着我的面，拿起电话，接通了总统的电话。

在电话里，凯塔·福代巴向总统说了我们的建议。

总统没有马上回答凯塔·福代巴，他说："那您请柯华大使明天早上和我直接通电话。"

我回到使馆，一夜无眠。我怎么能睡得着呢？明天周总理就到了，时间太紧急了。

天微微亮的时候，我赶紧叫上司机，驱车前往总统府。

我得早早地等总统来，做最后的努力。

见到艾哈迈德·塞古·杜尔总统，我提出了我们的建议。可总统很倔强，他做出的决定很难改变。我再怎么给他讲情况，他就是不答应。

最后他说："我将在机场同周恩来总理直接谈。"一句话把我给堵了回来。

这时候，周总理马上就要抵达了，我坐上车，向机场赶去。一路上，我都想着周总理的安全问题。

这次周总理访问非洲 10 个国家，身边只带了卫士长成元功，还有公安部的一个局长李福坤，再一个就是卫士。

几天来，关于代表团专机抵达几内亚后的加油问题，吃饭的食材问题，周总理的行车路线问题，哪里有拐弯，一路上哪段路旁的草比较高，进入市区之后，街道临街楼房的窗户关闭情况，等等等等，我都会同几内亚方面做了详尽的检查，一一都落实了。

周总理乘坐的飞机刚刚停稳，我第一个登上舷梯，快步走进机舱，立即向周总理还有旁边的陈老总汇报艾哈迈德·塞古·杜尔总统坚持不改变民众夹道欢迎仪式的情况。

周总理听完我的汇报，沉吟了一下，镇静地说："客随主便，我们尊重艾哈迈德·塞古·杜尔总统的决定，听从几内亚政府方面的安排。"

艾哈迈德·塞古·杜尔总统安排的这个民众夹道欢迎仪式的确十分热烈，每个人都穿着几内亚的民族服装，带着非洲手鼓，跳着欢快激越的非洲舞蹈，车队经过之处，人们的欢呼声一浪高过一浪。有些时候，人群就像海浪一样，把两边负责警卫的部队拥挤成了蛇形。

周总理在几内亚访问期间，我最放心不下的就是他的安全问题。

每次坐车都是周总理坐在中间，我和成元功坐在两边。

周总理下车后，我和成元功本来是在左右两边护卫着他，但往往就被人群冲散，我的心提到了嗓子眼，透过攒动的人头，我看到周总理在人群中频频挥手致意，那种大风度和大魅力让我难以忘怀。

这一天，按照行程，周总理在艾哈迈德·塞古·杜尔总统的陪同下，乘车前往位于几内亚首都科纳克里东北方向的金迪亚。

金迪亚有一个水果研究所，周总理参观完毕后，艾哈迈德·塞古·杜尔总统搞了一个盛大的民众集会，请周总理讲话。

周总理的讲话相当精彩，有这么几句话，我印象很深刻："几个世纪来受尽帝国主义和殖民主义压迫和奴役的非洲人民已经觉醒起来、站起来了！非洲是非洲人民的非洲，非洲一定会成为独立自主、繁荣富强的新大陆！"

周总理的话音刚落，热烈的欢呼声大有排山倒海之势。

我陪着周总理准备离开会场，坐车返回科纳克里。

突然，几内亚政府的一个工作人员告诉我："艾哈迈德·塞古·杜尔总统决定改变原来坐车回科纳克里的安排，邀请周总理和他一起坐直升飞机走。"

我听后一下子紧张起来，这怎么可能呢？几内亚直升飞机的情况我了解一些，都是从苏联买来的，几内亚还没有飞行员，飞行员都是捷克斯洛伐克人。

这是1964年呀，中国和苏联的关系已经降至冰点，捷克斯洛伐克对苏联又是言听计从……我不敢想下去，一旦发生意外……我立即将这个情况汇报给周总理。

我向周总理建议说："您千万不要乘坐直升飞机。"

周总理很平静地说："柯华，你去和几内亚方面说吧。"

我把代表团的秘书长黄镇还有中央调查部副部长孔原叫到一起，时间紧迫，我们三个人匆匆商议了一下，决定让我马上去找几内亚国防部长凯塔·福代巴。

我一见到凯塔·福代巴就说："出于安全考虑，我们希望还是按原来的计划安排。"

凯塔·福代巴说："大使阁下，您稍等片刻，我这就向总统转告。"

没两分钟，凯塔·福代巴回来了，他说："我请示过总统了，他说他亲自驾驶直升飞机，请您放心。"

我还没来得及说话，凯塔·福代巴紧接着给我说了句玩笑话："阁下放心好了，你们的周总理要是从飞机上掉下来，我们的总统不也摔死了嘛。"

这边我还在向凯塔·福代巴争取，希望他们能取消乘坐直升飞机的安排，那边艾哈迈德·塞古·杜尔总统已经亲自向周总理发出了邀请。

总统告诉周总理："这架直升飞机一共坐六个人，我本人和国防部长凯塔·福代巴，还有外交部长，贵国是您和陈外长，加上一位翻译。没有飞行员，我亲自驾驶。"

周总理说："既然如此，就按总统阁下的意思办吧。您亲自驾驶直升机，盛情难却，我就不能拒绝了。"

我站在停机坪上，看着直升机的螺旋桨转动起来，缓缓升空。

我一头扎进车里，催促司机赶快开车，向科纳克里疾驰而去。

等我心急火燎地赶到科纳克里，周总理和陈老总已经安然抵达，我长长地出了一口气。但紧跟着我的心再次悬了起来，原来周总理还要去参观中国援建的卷烟火柴厂。

在做最后的安全检查时，几内亚方面告诉我说厂里突然丢了两吨炸药。

在这节骨眼上丢了炸药，我来不及多想，立即向上面报告，上面给了六个字："查清炸药下落"。

几内亚方面密切配合，仔细搜寻，但没有丝毫线索。

我对几内亚负责安全方面的官员说："把周总理去卷烟火柴厂的必经之路和工厂内部的道路、空地全部用推土机推一遍。"

推土机推过了一遍，依然是没有发现任何的蛛丝马迹，炸药就像被蒸发了。我只好向周总理汇报："总理，您看，现在丢了两吨炸药，很危险，我建议您就不要去工厂参观了。"

周总理不吭声，只是看着我，我又说了一遍。

"怎么能不让我去呢？柯华，你的这个建议不好，这是我们援建给几内亚的第一个工厂，我来了，不让我去看看怎么行？我必须去。"

可想而知我一路陪着周总理去工厂参观时的心情，这种心情直到周总理离开几内亚，我才稍稍放下来。

这两吨炸药到底跑到哪里去了呢？必须要有个结果。

终于有了结果，原来是工厂的统计人员做账的时候不细心，在账面上少写了两吨炸药，虚惊一场。

1964年1月15日，周总理在加纳共和国访问，加纳通讯社记者对周总理进行了采访，他公开提出了中国政府对外经济技术援助的八项原则，令国际社会为之一震，更是成为了非洲国家热议的焦点。

周总理提出的中国政府对外经济技术援助的八项原则是他在非洲国家访问期间进行了大量调查研究而得出的结论。

周总理在访问期间和我们使馆的同志座谈，问我们非洲这些新独立的国家最需要的援助项目是什么？我们给予对方的援助方式方法哪一种最好？根据已进行过的援助项目的情况，我们需要做哪些方面的修正？

周恩来总理（前排左四）、陈毅副总理（前排左三）与中国驻几内亚使馆全体工作人员合影

我们有什么建议？等等。

我们将援助工作中出现的各类问题汇总起来，向周总理做了详尽的汇报。在这个基础上形成了八项原则，具体内容，我认为有必要写下来，很能说明一些问题。

一、平等互利，不能看作是单方面的"恩赐"、"施舍"。

二、尊重受援国主权，绝不因援助而要求任何特权。

三、逐年减少受援国经济负担。

四、帮助受援国走上自力更生的道路。

五、力求投资少，见效快，依靠当地原料，易于发展。

六、提供中国所有能提供的最好设备、技术和物资。

七、帮助受援国人员掌握技术。

八、中国派出的专家、技术人员同受援国相等人员同等待遇，不容许有特殊要求和享受。

这八条原则说明一个什么问题呢？我总结了八个字，可以说明八项原则的核心之所在：无私平等、史无前例。

柯华夫妇（右三、右二）在中国援建几内亚项目工地参加劳动

"无私平等、史无前例"不是溢美之词，随便翻翻近现代国际关系史，世界上所有国家的对外援助都有附加条件。

控制、渗透、剥削使受援国养成了依赖的习惯，这些甚至成为了国际惯例，而我们的经济援助另辟蹊径，生面别开。

为什么周总理在60年代上半叶能提出这个在国际关系史上具有划时代意义的八项原则呢？有一个原因我很清楚，我们自己曾经遭遇过苏联经济援助所带来的负面的东西，而体己谅人不仅可以作为一个人的美德，也是一个民族、一个国家的美德。

我们和苏联之间，它曾经给予我们援助，但有条件，众所周知，赫鲁晓夫向毛主席提出在大连搞长波电台，被毛主席拒绝了。开始苏联向我们提供核武器研发方面的援助，但是因为两国的关系问题，没几年，他们就把专家撤走了，让我们很被动。

美国与古巴的关系破裂后，特别是1961年5月卡斯特罗宣布古巴走社会主义道路后，苏联加紧改善同古巴的关系，在政治、外交和经济上支持古巴。1962年，苏联在古巴部署导弹，使美、苏两个核大国之间的关系骤然紧张起来，从而爆发了一场美国、苏联与古巴之间极其严重的政治、军事危机，核战争的危险一触即发，史称"古巴导弹危机"。其实美、英、苏三国为了巩固各自的核武器垄断地位，阻止他国发展核武器，早在50年代末至60年代初就曾协商过此事，但因目标相异而未能达成协议。古巴导弹危机后，三国都感到核禁试的必要。1963年8月，美、英、苏三国在莫斯科谈判，终于达成协议，签订了《关于禁止在大气层、外层空间和水下进行核武器试验条约》（又称《部分核禁止条约》），主要内容是缔约各国不鼓励任何国家在大气层、外层空间和水下进行任何核武器试验和爆炸，条约无限期有效。美、苏签订此条约是因为两国已进行了充分的水下、大气层的核试验，还可以继续进行地下核试验等，目的是阻止其他国家发展自卫核武器，巩固其核心垄断地位。法国拒绝签署该条约，中国也发表声明对该条约的欺骗性予以揭露。

《部分核禁止条约》出来之后，周总理紧急把我还有其他十几位大使召回国内开会。

我在回国的路上反复思考这个条约，条约的全名叫《禁止在大气层、外层空间和水下进行核武器试验条约》，明显得很，苏联和美国、英国搞的这个东西主要是针对我们的，当然也有针对法国的意思。自从苏联撤走专家之后，我们对核武器的研发在1963年的仲夏已经到了攻坚阶段。苏、美、英的《部分核禁止条约》恰在此时出笼，什么意思？法国前两年爆炸了一颗原子弹，尽管爆炸了，但法国的技术根本不成熟，要想成熟，还要有大量的实验数据。

周总理召集我们开会，主要议题就是研究如何揭露禁核条约的欺骗性，表明中国热爱和平的正义立场。

苏、美、英禁核条约的实质是什么？就是要垄断核武器。如果中国再接着搞核武器，那就不合适了，你不热爱和平，法国也是同理，这就是他们的逻辑。

这个逻辑从某种意义上来看是成立的，有理论基础，有事实根据。

爱因斯坦说过:"人类下一次战争若使用核武器,再下一次战争就只能使用木棒了。"大科学家的话不能不信,核武器太可怕了。

1961年,苏联爆炸了一颗氢弹,威力有多大? 5000万吨级,能把地壳炸穿,可怕的核武器!

美、苏、英三国签署禁核条约之后高兴得很,世界都在掌控之中了。

美国总统约翰·肯尼迪得意地说:"条约对美国有百利而无一害。"

这天开会确定了我国针对苏、美、英禁核条约的声明和倡议有两个核心要旨:

一、揭露苏、美、英禁核条约的实质,它只是部分禁核,而不是全面禁核。也就是说,它的内质是"只许州官放火,不许百姓点灯",是一种核垄断。

二、就是我们政府的倡议,首先倡议的是全面、彻底、干净、坚决地禁止,销毁核武器。具体地说,就是不使用核武器,不输出核武器,不输入核武器,不制造核武器,不实验核武器,不储存核武器,把世界上现有的一切核武器、运载工具统统销毁,把世界上现有的一切研究、试验、生产核武器的机构统统解散。为了能使国际社会履行这样一个关于核武器的义务,还要采取以下四项措施:

1. 撤除在国外的一切军事基地,包括核武器基地在内;撤回在国内的一切核武器及其运载工具。

2. 建立包括美国、苏联、中国、日本在内的亚洲和沿太平洋地区的无核区,建立中欧无核区,建立拉丁美洲无核区,拥有核武器的国家对每一个无核区都承担相应的义务。

3. 不以任何形式输出和输入制造核武器的技术资料。

4. 停止一切核武器试验,包括地下核试验。

最后,我们倡议召开世界所有国家的政府首脑会议,讨论全面禁止和彻底销毁核武器,以及逐步实现全面禁止和彻底销毁核武器而采取上述四项措施的问题。

会议一直开到晚饭时间,周总理请大家吃饭。

大家刚刚吃完饭,周总理说:"明天,明天你们都走,不要在北京待,立即回去，向驻在国政府说明情况，做他们的工作，请他们支持我们的声明。"

周总理知道大家匆匆忙忙回国开会，本来还可以回家料理一些家务，但事情紧急，大家只能理解了。

这一点没有任何问题，关键是现在已是晚上，早就买不到机票了，怎么能尽快回到驻在国呢？

周总理说："你们不必为机票的问题担心，已经安排好了专机，明天早上8点直飞香港，从香港飞各个驻在国的机票也已经给大家预订好了。"

会议结束之后，我回到家，看了看孩子。

第二天早上，按照周总理安排的行程，我很快回到了几内亚，立即面见艾哈迈德·塞古·杜尔总统，向他通报了中国政府针对美、苏、英禁核条约发表的声明。

总统说在我见他之前，几内亚政府已经公开、明确地表示支持中国的立场。

当时公开、明确地表示支持中国声明的国家不多，主要是这个禁核条约打着维护世界和平的旗号，很有欺骗性。

我记得起初在非洲国家里只有我任大使的几内亚支持我们，美洲只有古巴支持我们，亚洲只有柬埔寨支持我们，欧洲只有阿尔巴尼亚支持我们。后来，随着时间的推移，其他国家慢慢地了解了真相，也转而支持我们中国了。

1996年9月10日，联合国大会第五十届会议通过了《全面禁止核试验条约》。9月24日，包括中国在内的一批国家首先签署了条约，这是历史上第一次以法律形式在全世界范围内全面禁止一切核试验，为核试验永久地画上了句号。

这次为了研究如何揭露禁核条约的欺骗性，我被急匆匆召回国，又匆匆返回。其实像这样的情况，我在非洲任职期间还遇到过一次，也是周总理打电话，催我赶回几内亚。

事情的原委是这样的：这一年的9月份，我回国汇报工作。汇报完工作，一看时间，离我们的国庆节10月1日还有一周时间，所以我就决定休假，在国内过完国庆节再回几内亚。说起来我已经有好几年没有在国内过国庆节了，我很想留下来，家里也确实有些事情，主要是孩子们的事情需要我处理。

9月26日，我正在家，突然电话铃响了，我拿起来一听，"柯华吗？"是周总理打来的电话。

我说："我是柯华，总理有什么事情？"

周总理说："你怎么还在家里呢？"

我本来想向周总理汇报一下我的想法，过了国庆再走，但周总理根本没有容我说细说，指示我："你赶快走，你一定要赶到几内亚过国庆节。"

我说："是。"

周总理耐心地说："每年我们大使馆举办国庆招待会，几内亚的许多重要领导人、我们结交的好多朋友都要出席，你是大使，你不在就不好了。你马上赶回去，主持国庆招待会，这既是对几内亚政府的尊重，也是你开展工作的好机会嘛。"

我清楚周总理说的"也是你开展工作的好机会"的意思。

周总理一直要求我们做大使工作的人要广泛接触驻在国的各界人士，广交朋友，目的很明确，就是要通过多接触增进相互之间的了解，了解了就能加强友谊。

我们这种目的和一些西方外交官通过交朋友、请客吃饭来获取情报有本质上的区别，西方的外交圈里有一句话："情报来自餐桌。"

举办国庆招待会，我不出席的话的确不好。我们搞得隆重一些，热烈一些，多请一些几内亚的朋友参加，请一些还不了解我们的人参加，让他们了解我们，这确实是我们很好地开展工作的好机会。

我告诉周总理："我明天就动身赶回几内亚。"

放下电话，我坐下来算了算时间。因为那时候不像现在，我们有北京直飞非洲的航班，那时候没有，必须先转道欧洲，然后换乘飞机才能抵达几内亚。我一算，如果明天早上，也就是9月27日走的话，最快要四天时间。我不敢耽搁，马上订机票。

当天晚上，我就搭乘了飞往巴黎的班机。

到巴黎之后，我又连忙搭乘巴黎当天最后一班飞往几内亚的班机。

我一上飞机，发现飞机的门、窗、厕所门上面的说明文字都是中文的，机舱内的设备也比较陈旧，我问了空姐才知道这架飞机过去飞亚洲航线，很快就要退役了。

坐到飞机上，我才发现一个严重的问题，这架飞机在几内亚没有进港计划，而是要先到另一个机场，然后再返回几内亚。按照这个飞行计划，国庆那天的招待会我肯定主持不了了。

我找到机长进行交涉，我说："我要赶到科纳克里举行国庆招待会，你们看能不能在科纳克里停一下。"

机长还不错，很快就与公司联系上了，而且公司居然同意了我的请求，为我一个人在科纳克里机场降落。

等我走下飞机，时间已经是9月30日的夜晚了。

当汽车开进大使馆时，国庆招待会马上就要开始了。我匆匆换好衣服，准时出现在会场。

如上的几年在非洲的工作生活，到了1964年下半年，我卸任中华人民共和国驻几内亚大使，奉调回国，担任西亚非洲司司长。

新中国外交官宿柯华95岁述怀

"文化大革命"

1966年—1976年

· 24 ·

"文化大革命"是我们这一代人绕不过去,恐怕也是我们这个民族在很长一个历史时期不容绕过的话题。"文化大革命"的岁月,往事不堪回首。但再不堪,如果不谈,绕过去,"文化大革命"就会不存在吗?那不可能。

说句老实话,我不是什么风云人物,我个人在"文化大革命"中的经历,除了享受到了大多数老干部都享受到了的诸如被造反派关进牛棚、强迫写检查、下放到干校劳动等普通的待遇之外,基本上乏善可陈。

我在这里谈"文化大革命",一个是反思,当然,我的反思可能也不全面,纯粹属于个人的一些思索,再一个就是讲讲陈老总。

在这个时期,陈老总担任外交部长,我任非洲司司长,所以接触多一些,有些事情,特别是"文化大革命"时期,特别是关于陈老总的事情,我有必要尽我所知讲出来。

20世纪60年代，柯华（右一）与周恩来总理（中）、陈毅副总理兼外交部长（左一）合影

毋庸置疑，"文化大革命"不是一下子就突然爆发的。毛主席搞"文化大革命"也要有个群众基础，自然这种基础也不是一天两天就能形成的。

我们党内存在着"左"的思想，具体表现形式多种多样，不胜枚举，但有一条，整人、搞些"莫须有"的东西，然后煞有其事地当真来做，这一点恐怕党内不少同志遇到过。

我于1964年4月从几内亚调回国。本来周总理和陈老总在2月份结束了对非洲十国的访问，临走时还叮嘱我要好好地继续努力开展工作。

尽管周总理在非洲访问期间非常忙，但他还是抽出时间听我向他汇报了一件事情。

我告诉周总理，现在茅台酒的质量不行了，都排到八大名酒的最末

1965年7月2日,外交部副部长乔冠华(前排右三)和龚澎(前排右二)、章文晋司长(后排左二)、柯华司长(后排左三)陪同周恩来总理(前排左四)、陈毅副总理(前排右五)赴新疆喀什视察时与中共中央西北局书记处书记王恩茂(前排左五)、新疆维吾尔自治区党委第二书记赛福鼎·艾则孜(前排左六)等合影

一位了。

周总理说:"要尽快恢复茅台酒的声誉,一定要尽快解决这个问题。"

我见周总理对茅台酒出现的问题如此重视,也就放心了。

周总理回国后过问了茅台酒的情况,使存在的问题解决了,恢复了茅台酒的质量和声誉。

周总理表扬我,认为我关心名酒品牌,工作做得好,细致。

两个月后,我接到了离任回国的命令。

我先讲讲"文化大革命"开始这一段——1966年5月至10月。

"文化大革命"全面发动有两个标志,第一个标志是1966年5月,中共中央政治局扩大会议通过了毛泽东主持起草的指导"文化大革命"

的纲领性文件《中国共产党中央委员会通知》(即"五一六通知");第二个标志是1966年8月,中共八届十一中全会通过了《中国共产党中央委员会关于无产阶级文化大革命的决定》(即"十六条")。通过这两次会议对"文化大革命"的不断发动,"左"倾错误方针开始在党中央占据领导地位。

1966年五月中央政治局扩大会议错误批判了所谓彭真、罗瑞卿、陆定一、杨尚昆的"反党错误",并决定停止和撤销他们的职务。"十六条"明确提出"这次运动的重点,是整党内那些走资本主义道路的当权派",毛泽东并对刘少奇、邓小平领导下由派驻各单位的工作组具体领导"文化大革命"的做法进行了严厉批评。根据毛泽东的提议,全会改组了中央领导机构,原来由刘少奇、邓小平主持中央一线工作的领导集体不复存在。而刘邓(刘少奇、邓小平)作为不久将要打倒的资产阶级司令部的头头,也是呼之欲出。

从50年代末期开始反修防修,现在像是揭开了谜底,原来修正主义的头子是国家主席刘少奇,是党的总书记邓小平,当然也是资产阶级司令部的头头。

以我30年的革命经验,要面对这种石破惊天的轰轰烈烈的"文化大革命",明显地思想上感到吃力,领悟不了毛主席的伟大战略部署,所以在刚开始风暴骤起之时,清醒的基本的是非判断能力对我来说是很困难了。就算跑步紧跟毛主席的伟大号召,时时刻刻都有一种要掉队的感觉。

1966年6月,外交部开始了"横扫牛鬼蛇神运动"。机关里大字报铺天盖地,每天都能有上千张贴出来,革命热情高涨的程度前所未有。

外交部很快揪出三个人:王炳南、陈家康、孟用潜。王炳南、陈家康是副部长,孟用潜是部党委委员兼国际政治研究所所长,他们三个是大牛鬼蛇神。

我有过瞬间的惊讶,但惊讶归惊讶,形势发展急速,有点像坐过山车。我也在思索一些问题,有一些担心,但怕自己跟不上形势,所以根本来不及想王炳南、陈家康、孟用潜牛鬼蛇神问题的真实性与可靠性。

1966年5月15日,"四清"工作团仁岩工作队全体同志在山西汾阳合影留念(二排左七为柯华)

除了他们三个大的牛鬼蛇神之外,外交部中的、小的牛鬼蛇神也揪出来一大堆,如办公厅副主任何方,机要局局长杨广仁,翻译室主任黎光,礼宾司处长赵凌中,领事司处长陈理、伍羊等。

"三反分子"、"小三家村"……罪名一大堆,甚至外交部里有些工人也被扣上帽子,搞出些罪名,但基本上属于莫名其妙。

这时候,为了紧跟形势,开会的时候,我也说些过头话,表示自己跟上了革命形势。

我说:"要把牛鬼蛇神关一批、抓一批、吊起来一批。"话说得过头了。

我这里刚刚表示自己跟上了革命形势,那边大字报就给我贴上了,但还算好,没有被彻底揪出来,没有被党委抛出去。

8月底,陈老总主持会议,给王炳南和陈家康定调子,说他们俩是没有改造好的知识分子,属于人民内部矛盾,做了保护。孟用潜最后被迫害致死。

转眼1966年的冬天到来了，外交部的造反组织于12月20日成立了，叫"外交部革命造反联络站"，有200多人参加。它成立不到一个月，即在1967年1月宣布夺外交部党委的权。

其实外交部造反派夺权的胜利和其他单位、高校、地方党委等不同，周总理有一个指示，就是外交大权在中央，不是谁说夺了就能夺了的，根本不能夺。但在1967年上海造反派"一月夺权"的带动下，全面夺权的风暴在全国范围掀起。在这种情形下，周总理又不能说外交部的造反派不能夺权。他明确表示，外交部造反派是夺外交部党委领导"无产阶级'文化大革命'"的大权，至于具体的外交业务，不是主要内容。

与此同时，外交部还成立了以造反派为主的业务监督小组，部、司两级都有，我所在的西亚非洲司也有。

周总理说过，我们上报给中央的文件必须要有业务监督组的签字，他才看。刚开始的几天还看不出来有什么不妥，但时间稍微一长，弊端就显现了出来。

外交工作有特殊性，最显著的特殊性就是时间性很强。我这里有紧急情况需要上报到周总理那里，可能等到业务监督组签完字就迟了，所以到1967年2月初，也就是造反派夺权之后大概10天之后，陈老总指示让我们这些司长们重新主持业务工作。

外交部在"文化大革命"初期的夺权风暴中夺权形式和其他部门既有相同之处，也有不同之处，别的部门被造反派一夺权，党委即陷入瘫痪状态，造反派完全掌握权力，但外交部因为工作的特殊性和周总理、陈老总的审时度势及他们高超的工作方法，使得外交部党委在被造反派夺权之后仍然正常运转，没有瘫痪，陈老总仍然是外交部的全权负责人。

在"左"倾思想指导下，外交工作中一些不正常的做法出现了。1966年10月，中央批准把宣传毛泽东思想和"文化大革命"作为驻外使馆的首要任务，对外宣传中强加于人的偏向由此开始。

1967年1月25日，在法国留学的65名学生加上留学芬兰的4名学生准备回国参加"文化大革命"，路过莫斯科时，为了表示"革命"

的态度，他们打算跑到红场给列宁、斯大林敬献花圈。

给斯大林献花圈的问题比较敏感，因为当时斯大林是被苏联否定了的。中国驻苏联大使馆的人向国内报告，说学生要去红场搞这个活动，外交部同意了。这些学生到了红场之后，也学着国内红卫兵的那一套，高声朗诵毛主席语录，最后高唱歌颂斯大林的歌曲。如此，苏联警察过来干涉，发生了冲突，我们的学生竟然被殴打。

消息传回国内，外交部的一位同志说："在红场诵读毛主席语录怎么了？我们要让留学生到克里姆林宫贴大字报去，把'文化大革命'的烈火烧到苏修的老巢。"

到了1967年4月，外交部党委的正常运转就显得不那么顺利了，标志性的事件就是4月初"外交部革命造反联络站"通过了《炮轰陈毅声明》，他们和高校的红卫兵筹组了一个"批陈联络站"。

造反派的工作效率蛮高，4月11日和12日连着两天召开"揭发批判陈毅大会"。

4月14日，造反派又搞了一个"打倒刘、邓，炮轰陈毅大会"。

对于陈老总的问题，造反派内部也有分歧。

4月17日，造反派开会，决定公开提出"打倒陈毅"的口号。

造反派的一个头头和其他造反派之间产生了矛盾，他不同意提出"打倒陈毅"的口号，理由比较简单，通过揭发批判，没有发现陈毅有叛徒、特务方面的问题，对陈毅的态度应该框定在帮助教育的范畴内。但他在造反派组织里这么一提，立即形单影只，成了孤家寡人。

此后，在大会上，造反派在新领导人的带领下，先把建国以后的外交工作批得一塌糊涂，上纲上线，说外交部执行的外交路线是修正主义路线，是"三降一灭"（即"投降帝国主义、投降修正主义、投降反动派和消灭民族解放运动"），然后把矛头直接对准陈老总，狂呼口号，甚至谩骂。

陈老总开始还听会，后来实在听不下去了，"呼"地一下站起来，手掌狠狠地拍在桌子上，大声喝问："你们要造反吗？"

陈老总的目光重重地划过会场，会场上一片寂静，陈老总扔下一句话："你们没有好下场！"走了。

陈老总在会上发火,却没有震住造反派。这些人立即又把昨天刚刚贴满的"打倒陈毅"的大字报重新写一遍,再次贴满外交部的各个角落。

造反派开这个会,轮不上我发言,我看到陈老总发火,心里也很解气。

会后,我回办公室的路上碰到了甘野陶(他是首任中国驻朝鲜代办),还有条法司司长龚普生。

我们三个人碰到一起,说起陈老总在会上发脾气的事情,觉得应该支持陈老总,我们三个就写了大字报。

当时外交部机关到处都是打倒陈毅的大字报,我们这个大字报往哪儿贴呢?

我出主意说："咱们写大,大字报嘛,就得把字写得大大的贴出去,还得醒目。"

要有多醒目?最少要比打倒陈毅的大字报醒目。

如此,我们三个就写了一个超级大的大字报,从外交部办公楼的二楼一直垂到一楼的地板上,大字报的内容简单,但亮明了我们的立场："陈毅同志的脾气发的好得很。"12个字,很有气势。

4月初的北京,春寒料峭,这张大字报被风一吹,还真是有了气势。

落款是我的名字在中间,很大;两边是甘野陶和龚普生的名字,写得比我小一点。

这时候有人劝我说："你看看你,要写大字报也可以嘛,怎么和两个叛徒一起写?"

我说："我不认为甘野陶和龚普生是叛徒,我就是要和他们俩一块写。"

大字报贴出去,也就把我自己彻底地放在了造反派的对立面。

甘野陶是一个"叛徒",当然,"叛徒"的帽子是造反派给戴上的。龚普生是已经被关进秦城监狱的副部长章汉夫的夫人,自然也是造反派认为的"坏人"。

我和这二位一起贴大字报支持陈老总,离倒台算是近在咫尺了。

果然,造反派立即动手把我打倒了。

我一倒，造反派例行公事，首先是抄家。

抄家前，有个刚刚被抄过家的老同志给我打电话，说："柯华呀，你快准备一下，他们刚刚来我家抄过家，马上要到你家里去了。"

我放下电话，见夫人张明正坐在床上缝一条破棉被。

我对张明说："他们要来抄家了。"

张明说："抄吧，让他们来抄家也好，他们的大字报上不是说我们是走资派吗？资产阶级就用这破棉被，还得让我缝呀。"

我说："他们再有几分钟就来了。"

张明泰然处之，说："知道了，随便他们怎么抄家，反正他们无法无天。"

我搬了个藤椅放在客厅里，然后躺在藤椅上，拿本《毛选》看起来。

造反派一进来，见我正躺在藤椅上看《毛选》，不由得一愣。

造反派的头头说："柯华，你读红宝书还很积极呀！"

我看了他一眼，说："过去没学好，现在有时间了，抓紧补一补。"

造反派的头头不再和我说话，使了个眼色，开始抄家。

他们抄来抄去也没有在我家发现什么能说明我是特务、叛徒之类的东西。而后造反派把我家的一台冰箱贴上封条，说这个冰箱是我腐朽生活的证明，以后不许再用了。

不用就不用了吧，我能有什么意见？但他们要把我放在家里的三支枪拿走，一支是卡宾枪，一支左轮手枪，还有一支双管猎枪，这三支枪陪着我度过了几十年，我很心疼。

那支卡宾枪是林彪送给我的，我带着它去的延安。尽管当时林彪红得发紫，但我不愿意告诉造反派这是副统帅林彪当年送给我的枪，我也不想说。那支左轮手枪是在西北战场缴获国民党军长刘戡的配枪，也很有纪念意义。至于双管猎枪，是周总理送给我的。周总理知道我喜欢打猎，让卫士长成元功把这支当年苏联元帅朱可夫送给他的枪转送给了我，上面刻有朱可夫和周恩来的名字。

现在造反派要把我的三支枪全都拿走，我想和他们讲讲清楚，但话到嘴边我又忍住了。能说什么呢？说那是伟大的林副主席送给我的？趋炎附势的事情，我这辈子都没干过。说那把缴获刘戡的枪？在造反派面前摆摆自己的过去？不值得。还需要给他们说最后那把双筒猎枪？没有必要了。

我站在被他们翻腾得很凌乱的家里，看着他们拿着我的三支枪扬长而去，除了心疼之外，只剩下了惆怅……

2007年8月，我曾给有关领导写了一封信，反映"文化大革命"中被造反派抄家时抄走三支枪的情况和线索，请公安部的同志帮忙查找这三支枪的下落。我在信中表示："我甚望能找回这支枪（指双筒猎枪），这支枪不仅是我个人最为珍贵的纪念品，也是我国国家的珍贵纪念品，此枪如能找回，我愿由国家展览馆展存，另外两支战利品枪支，如能找回，对社会治安当会是必要的，找回后交由公安部处理。"

抄家后，我还没有来得及收拾，家里突然闯进来一个年轻人。

他见到我就哭了，然后说："柯叔叔，你救救我妈妈。"

我连忙让他在乱七八糟的家里坐下，问他："你是……"

年轻人这才想起来我还不认识他，连忙说："我妈是常香玉。"

我在西北文委做秘书长的时候，经常和常香玉还有他的丈夫来往，所以比较熟悉。

我忙问："怎么了？你……"

常香玉的儿子哭着说："请您帮帮忙，去救救我妈常香玉，她现在天天被批斗。"

听完常香玉儿子的话，我沉默了好长时间才说："我，我现在实在帮不上你妈妈呀，我也被打倒了。"

抗美援朝的时候，常香玉举一人之力为志愿军捐献了一架飞机。现在这样一位著名的戏剧艺术家落到了儿子四处求助的地步。

常香玉的儿子听我如此一说，反过来劝我："柯叔叔，您多保重，我相信好人总会有好报的。"

· 25 ·

外交部造反派在打倒我的过程中先后给我了三条罪名：攻击伟大领袖毛主席；把"叛徒"的帽子给我戴上，说我被捕过，关在苏州的反省院；说我搞"封资修"那一套，给年轻人封官许愿。

到最后三条罪名都没有落实，莫须有的东西怎么落实？

第一条我在前面已经讲了。第二条罪名更是无稽之谈，我从北平到武汉，再到临汾，最后去了延安。至于苏州，我在解放前没有去过，到"文化大革命"时也没去过，怎么能被关在国民党的反省院？不攻自破了。第三条罪名好像沾点边，我在几内亚的时候的确对一个年轻人讲过，让他好好工作，努力学习，将来就是接班人，也会做大使。但"文化大革命"一来，这个年轻人跳出来揭发我，说我给他封官许愿。造反派高兴呀，终于抓住我的辫子了。但这个辫子实在有些小，抓到手里做不出什么大文章，只得不了了之了。

那个时期，每个人都戴毛主席像章。"文化大革命"发展到军代表进驻外交部的时候，给大家发毛主席像章，就是不发给我，理由是柯华反对毛主席，不打倒陈毅。

我被造反派宣布关入牛棚。这是一个废弃了许多年的破澡堂子，潮湿阴冷，蟑螂成群，苍蝇成片，味道令人窒息。

造反派规定我每天早上7点准时进入牛棚，晚上9点才可离开。他们在里面给我放了一张桌子，有纸和笔，喝令我写检查。我虽然没有什么好检查的，但必须得写，一遍又一遍地检查，一次又一次地不予通过，应付吧。

造反派规定的时间没有任何通融，有一天，我提前一分钟走了。

第二天，造反派抓住我早退一分钟这件事上纲上线，批斗我。

为此，我写了检查，内容大致是：我没有报告，提前一分钟回家，这是缺乏组织纪律性的表现……

这样的内容，我反复地写，写一遍，被造反派批斗一次，简单的机械的重复的检查让我身心俱疲，烦躁到了极点。无奈之下，我开始让我的孩子替我写检查。

这时候，我又开始担心让孩子替我写检查，骗造反派，会不会对孩子的诚实养成造成影响呢？

我在院子里碰到了龚澎，就问她："你看我让孩子替我给造反派写这些假检查会不会有问题？对孩子不好？"

龚澎想得开，她开导我说："造反派算什么东西！骗他们，当然要骗他们了。你看看造反派一天到晚都说些什么话，假话连篇，你让孩子写假检查，好得很，以其人之道还治其人之身，好！"

龚澎讲的道理在"文化大革命"那个特定时期说得通，只是造反派胡言乱语，颠倒黑白，假话横行，我让孩子写假检查，"文化大革命"中事与事，人与人，假话与假事构成的时代特色，对一个国家、一个民族的伤害，也许不是仅仅依凭我现在的一点点反思可以有所补益。本来诚信是我们中华民族最为悠久的一个民族根性中的闪光点，但到了21世纪的今天，我们还需要大声疾呼要建立一个诚信社会，难道这仅仅是一种反讽吗？

"文化大革命"遗毒在政策上甚至是思想中可以立即肃清，但在民族性格的传承及养成上，要想肃清它就很难很难了，它毁的不是一代人、两代人，而是几代人呀！触及的更不是一代人的"灵魂"，而是一个民族的根性。

我在牛棚写检查的同时，还要接受来自造反派的漫骂，他们叫我"赖皮狗"、"死狗"、"哈巴狗"，等等，不一而足，居然把20多种狗名贴在我身上。

我明白抗争的结果基本上等于零。

有些时候，改变我住牛棚的机会似乎也会光临。

突然有一天姚登山找到我，告诉我说："我现在要组建外交部新党委了，你得看清形势。"

我问："看清什么形势？"

姚登山说："我不说，你也知道。"

我说:"我不知道。"

姚登山说:"只要你喊打倒陈毅的口号,我保证你进党委。"

很明显,他是和我在做政治交易,让我喊打倒陈毅,我为什么要喊?我不认为陈老总要被打倒嘛。

1967年夏天,8月份,造反派把矛头对准陈老总,火力大得很,一个月批斗大会搞了八次,有大会批判、中会批判、小会批判,但因为中央还有周总理对陈毅依然采取的是"保"的态度,所以"打倒陈毅"的大字报不让贴了。

先谈一次大批判会,地点在人民大会堂,有一万人参加,主题就是让陈毅做检查。

开会前,周总理对造反派说得很清楚,中央、毛主席和他自己都要保陈毅,所以今天这个会只能是让陈毅做检查,不能喊什么"打倒陈毅"的口号,或者是贴大字报,更不能进行人身攻击,决不允许有侮辱人格的行为。

周总理也考虑到了陈老总的安全问题,特意安排把部队调来,让战士们坐在前两排,防患于未然。

我被造反派早早地叫到会场,接受教育。

这时候,陈老总走进了会场,刚好碰到姚登山。陈老总像往常一样,习惯性地伸出手臂,要和他握手,可姚登山把头一扭,装作没看见,意思明显是要和陈老总划清界限,摆出对着干的样子。

我在这里需要介绍一下姚登山这个人,他也是抗战初期就参加了革命,新中国成立后,曾任外交部西欧司专员、总务司副司长。后来在芬兰、锡兰任过参赞。"文化大革命"爆发时,他正在印尼做临时代办,因印尼当局和我们的华侨发生矛盾,他领导了"抗暴"斗争,被印尼政府驱逐出境。回国的时候,毛主席、周总理和陈老总等去机场欢迎他,他是那个时期红得发紫的红色外交战士。他这个人猖狂得很,红卫兵造反派要到中南海去揪斗陈老总,周总理给姚登山打电话,让他劝劝红卫兵,姚登山居然把周总理的话顶了回去,说:"群众情绪高涨,现在正在礼堂开会,我劝不住,无能为力。"然后话锋一转,居然向周总理提出了无理的建议，什么现在应该停止陈毅、乔冠华的工作，把他们撤职算了。周总理听了很气愤，驳斥了他的胡言乱语。

大会开始后，周总理首先讲了话，然后有急事先走了。

周总理前脚刚走，突然从二楼扔出了大标语："誓与三反分子陈毅血战到底！"

前排靠着解放军战士坐的几十个女红卫兵"刷"地一下展开横幅，上面写着"打倒陈毅"。

会场在标语出现后立即升温，口号声此起彼伏，他们声嘶力竭地大声地叫骂，让陈老总低头弯腰，有几个造反派脸红脖子粗地冲上台要打陈老总，多亏周总理事先安排的解放军，制止住了要动武的造反派。

闹哄哄地搞了一上午，却没有要完的意思。

周总理终于回到了会场，他一脸严肃地走进来，斥责造反派说话不算数，讲好了不能有打倒陈毅的大字报，不能动武。

周总理宣布散会，然后叫陈毅坐车走，跟着他一起出去。

我挤出会场，顾不上回家或者去办公室，因为我还要赶到钓鱼台，那里马上要举行一个宴会，招待非洲外宾。

招待宴会如期举行。

我坐在陈老总旁边，他和客人们谈笑自如，好像刚刚在人民大会堂开的批斗大会根本没有发生过一样。

我看着陈老总，竟然有点走神。

"柯华，你给客人敬一杯酒嘛。"

我一听才如梦初醒似的端起酒杯。

我说："陈老总，您都给客人敬过酒了，我要敬您一杯酒。"

陈老总说："我是走资派，刚刚被批斗的走资派，你敬我什么？"

我说："我就是要敬您一杯酒，我祝您健康！"

我给陈老总敬酒的时候，姚登山等几个造反派坐在旁边拿眼睛使劲地瞪我。

我想给陈老总敬酒，没有必要看造反派们的脸色，陈老总也从来不看他们的脸色，更不会在造反派面前对自己的观点有所保留。

1967年8月，批斗陈老总的会有八次之多，但每一次陈老总都没有向造反派低过头，他努力想要做到的就是不让外交部党委瘫痪，可以使外交部的工作正常地运转下去。

1967年8月下旬，批斗陈老总仍然是外交部造反派的主要工作。

26日下午，我又被叫去参加，接受教育。这次来的人不多，当时毛主席对陈毅有个明确的指示——一批二保。尽管有毛主席的这个指示，但造反派在此时做出什么出格的事情也不是不可能，所以周总理特意在会议开始之前先到外交部，他没有直接进会场，而是找人拿来一个板凳，坐下来，然后派人到会场里去看看有没有贴打倒陈毅的大字报。

过了一会儿，进去的人出来向周总理报告说，里面贴有打倒陈毅的大字报。

周总理说："把里面的大字报标语撤了，我再进去。"

这时候正是午后，太阳毒辣辣的，周总理已经是快70岁的人了，他坐在太阳下，有人拿来草帽让他戴上，他推开草帽说："我不戴，快去把里面的批陈标语大字报撤了，我进去。"

里面的大字报好不容易清理干净了，周总理走进去开会。

外交部的造反派和北京外语学院的造反派早就说好了，今天下午一定要把陈老总揪出来。

周总理开完会刚走，北京外语学院的造反派就把陈老总的汽车轮胎放了气，让他一时半会儿走不了。然后造反派冲进来抢人，多亏有周总理早早安排好的解放军，还有外交部我们这些保陈派，急忙护着陈老总躲进一个洗澡间。

陈老总在洗澡间里躲了五六个小时，造反派还是不罢休，依然到处找人。最后还是周总理下令派卫戍区的警车把陈老总从后门接了出去，方才化险为夷。

多年之后，我回想起1966年到1969年，特别是1967年8月，造反派对陈老总的猛烈开火，他总是打而不倒，多数情况下是和造反派对着干，其中的原因有陈老总个人对"文化大革命"乱象的警觉与担忧，有性格刚烈的一面，但毛主席提出的"一批二保"所起到的作用也不小。

如果没有毛主席"一批二保"的话，陈毅垮台甚至被整死都有可能无法避免。

陈老总针对造反派的态度概括起来有四个字：软硬不吃。硬的方面，我讲过了，批斗会很猛烈。软的方面呢？从我掌握的资料来看，讲得不多，我这里说一下造反派是怎么给陈老总来软的一套。

造反派把陈老总请到六国饭店的大礼堂，请他当造反司令，给他戴上红袖章，把他簇拥到台上讲话。

是司令当然要讲话了，但陈老总讲什么话？他刚开始讲时语气还算平静，主要谈谈自己对目前运动的看法，说不要乱，外交工作乱不得。突然，他话锋一转，言辞激烈起来，冲着造反派说："你们让我当司令，可不要当面叫我司令，背后给我使绊子。我问你们，陈丕显、方毅是什么？反革命？你们了解吗？我告诉你们，他们是红小鬼，我了解，怎么可能一夜之间变成了反革命？我要为他们说话，我要奋不顾身地说话。你们要说我怎么能替反革命说话呢？我就是要说，革命的历史证明，整人的人最终都要失败，能团结人的人最终都会胜利。我今天站在这里说这些话，有可能老婆会离婚，我会坐牢，甚至杀头，我不怕。"然后，他陡然提高声音说："我这个人，大家都知道，我从来不靠别人的血染红自己的顶子，我就不相信，就你们造反派革命，我陈毅就不革命？"

陈老总说到这儿，默默地看着造反派们，陡然间，他甩出一句："你不就是个连长嘛！"

我当时的心情在我后来写的一篇文章《陈毅在外交部》中有这样的叙述："当时我听了，心里很痛快，只有陈老总敢这么讲。"特别是陈老总最后一句"你不就是个连长嘛"，大家都知道指的是林彪。林彪当时多红啊！红得发紫，毛主席的唯一接班人，井冈山朱总司令和毛主席会师的那幅著名的画都被变成了林彪和毛主席握手会师，篡改了历史。之所以能篡改历史，说明在不正常的政治利益需求下，推动篡改历史的力量有多大？而这时候陈老总扔出这么一句话，振聋发聩，其胆魄胸襟、实事求是的立场亦令人钦佩。

需要说明的是，陈老总在"文化大革命"中不是孤立的，有许多人都拥护他，站在他这一边。

比如说我的孩子，还有好多其他干部的孩子，对造反派打倒陈老总不服气，跑到外交部去质问造反派，和他们对着干，进行辩论。

陈老总知道后就把孩子们叫到一起，对他们说："那些人现在要造反，我现在没有人，以后有人了，我再把他们的头头抓起来。现在还不是时机，等时机到了再说，不是不报，时机不到。"

我儿子站在陈老总身边说："老总，我们都是你的人。"

一天，我在钓鱼台碰到陈老总，我走到他身边说："外交部有好些老同志托我给您带话。"

陈老总"哦"了一声。

我说："我们都认为你没有犯错误，你是有功之臣。"

我刚说到这儿，陈老总叹了口气，打断了我的话："唉，柯华呀，不说了。"

我说："我和龚澎约好了去看您。"

陈老总说："好嘛。"

其实根本就没有人托我问候陈老总，是我编了瞎话哄他，我和龚澎也没有约好去看他，只是我想安慰他一下。

当天晚上，龚澎给我来电话："你是不是跟陈老总说我和你要去看他。"

我说："我见到陈老总了，说了。"

龚澎说："我刚放下陈老总的电话，他问咱们俩什么时候去呢？"

龚澎也罢，其他老同志也罢，我觉得我对陈老总说的话，尽管我们没有提前商量，但都是大家心里所想，不赞成打倒陈老总。

就拿龚澎来说吧，她是我燕京大学的同学，一起搞"一二·九运动"，建国后是外交部首任情报司司长（情报司后来改称"新闻司"），部长助理。

"文化大革命"时期，她对周总理和陈老总的忠诚可谓表现得淋漓尽致。

有一个阶段，我和龚澎一天能见上三四次面，多时五六次，多数情况下是痛骂造反派，有时候是我冷静，有时候是她冷静，在一起分析形势。

我们这种交往被造反派称之为"秘密串联",后来形势紧张到我们的见面被迫终止了一段时间。但我们不能不见面,只得秘密地见。造反派也不傻,还是发现我和龚澎总见面,就把我们俩分别叫去审问。

造反派问:"你们俩是不是经常串联?"

我说:"是。"

造反派问:"你和龚澎一星期见几次面。"

我说:"两三次。"

那边造反派审问龚澎的话和审问我的话一样,而龚澎和我回答的也一样。

事后我们俩见面说起来,不禁大笑。

龚澎笑得最开心,她说:"对造反派这种人就不能说实话。"

姚登山红得很的时候,龚澎当面质问过他:"你为什么要喊打倒陈毅?为什么说陈毅是外事口最大的走资派?"她的爱憎非常分明。

造反派在龚澎家的墙上涂上"打倒陈毅"、"打倒三反分子龚澎"的标语,好长时间过去了,她也不去清理,说这是为留作纪念。

造反派跑到他们家去抄家,叫她和陈老总划清界限,她说:"我有什么界限好划清的,没有!"

造反派叫她背语录,她就背"唯物主义者是无所畏惧的"。

乔冠华有段时间被造反派揪走了,悄悄地找了个机会给龚澎打电话,问造反派逼着他写材料,怎么办?

龚澎在电话里斩钉截铁地说:"写什么材料?不要写,你要是写了东西,就不要再进家门。"

外交部的老同志们对造反派要打倒陈毅意见相当大。到1968年春天,他们对造反派们有了一次反弹,也可以说是向造反派的进攻,这就是1968年2月13日外交部较为著名的"91人大字报事件"。

"91人大字报事件",我参与其中,有些背景需要有所交待。

1967年2月中旬,陈毅、叶剑英、徐向前、李富春、谭震林、谷牧几个老帅和几个副总理在中央碰头会上,对"文化大革命"以来的一系列极端做法表示强烈不满,对陈伯达、康生、江青等中央文革小组的主要人物进行了痛快淋漓地揭露和抨击。

他们提出来三点："文化大革命"中还要不要党的领导？要不要广大老干部？要不要稳定军队？

陈伯达、康生他们没有办法回答老帅们的责问。当夜，在江青的策划下，由张春桥、姚文元、王力整理出一个《二月十六日怀仁堂会议》记录，抢先送给了毛主席。

2月19日凌晨，毛主席召集会议，严厉批评谭震林、陈毅等人，强调"文化大革命"不容否定。2月25日至3月18日，中共中央政治局连续开了七次政治生活批评会，批评谭震林等，周总理也被迫做了检讨。此后，这场正义抗争被说成是"二月逆流"。

"二月逆流"有个后果，党中央的正常组织程序没有了，标志性的就是中共中央政治局停止了活动，取而代之的是"中央文革小组"。

直到1971年11月，林彪"九一三事件"之后，毛主席给老同志们平了反。

从1967年反击"二月逆流"开始，前面我谈了造反派对陈老总的批判，以及其他"文化大革命"乱象，基本上都是在这个大背景下展开的。

经过一年的斗争，我们这些外交部的所谓当权派对整个政治形势还没有太多的明确的表态，但这时候大家都感到需要站出来讲一讲话了。这里还有一个背景，就是王力、戚本禹倒了。

王力是中央文革小组的成员之一，他得势的时候有个讲话，是1867年8月7日讲的，所以叫"王八七讲话"。

当时王力刚从武汉回到北京，把外交部"革命造反联络站"代表叫到钓鱼台，说毛主席要他过问外交部的运动，然后就开始阐述自己支持外交部的造反派们打倒陈毅，全力支持外交部的造反派夺权。还说有点权才能威风，二十几岁可以在中央当部长等等，不一而足，并且话中有话地影射周总理。

王力讲完话的第二天，他觉得不过瘾，言犹未尽，提笔给姚登山写信，白纸黑字地讲他坚决支持打倒陈毅，还把我们这些对打倒陈毅不积极、有意见的人说成是保守组织。

姚登山紧跟王力,原来还只是提打倒陈毅的口号,现在好了,张狂到说不打倒陈毅死不瞑目的地步,他发动的所谓批判"右倾保守思潮",召开的"反逆流大会",看起来轰轰烈烈,其实不堪一击,最后发展到不向中央请示,给驻外使馆发号施令,篡夺外交部的人事、业务权力,封闭党委,成立什么指挥部。这几点一下子碰触到了毛主席的底线——外交大权必须由中央直接掌握。

王力的讲话、姚登山的做法都是没有任何政治眼光的闹派做法。周总理看准时机,于8月25日请杨成武把王力的讲话记录稿拿给毛主席看,毛主席看后批了五个字:大、大、大毒草。

毛主席说:"王力讲的这些话连我也不能随便讲,我没有叫他管外交部的事情嘛。"

毛主席的批示和讲话立即结束了王力的政治生命,紧跟着姚登山也完蛋了。

这时候,通天人物王海容跑去向毛主席汇报情况,对毛主席说王力的讲话不得人心。

毛主席念了两句诗,是唐朝诗人罗隐所写:"时来天地皆同力,运去英雄不自由。"指向很明确,说的就是王力。

之后,王海容等几个人在外交部贴出了《王八七讲话是大大大毒草》的大字报。外交部很快开展了"批极左、抓坏人"的运动,王力等人被隔离审查。

基于上述的背景,我们这些被王力称作"保守派"的人要说话了。

"文化大革命"时期,想讲话有个形式——写大字报。

余湛、陈楚、刘新权、秦加林、张彤等几个人很活跃,认为这个大字报主要涉及三个方面。

第一,"打倒陈毅"口号的错误性。

第二,建国后17年来的外交路线。

第三,干部路线。

大家商量来商量去,觉得后两个问题写起来太复杂,一时半会儿搞不好,所以专门写第一条打倒陈毅的问题。可就是写第一条,也是工程浩大。

造反派以前搞了陈毅的黑话、言论等等有70万字,至少要把这些颠倒了历史的东西给纠正过来才行。

张彤、陈楚等几个人写了初稿,然后大家传阅,再一起讨论。

初稿的标题本来是"打倒陈毅是个反动口号",经过讨论,觉得存在一些问题,因为当时也有许多不明真相的群众跟着喊打倒陈毅的口号,我们担心这个标题会伤害到不明真相的群众,最后定稿时的标题叫"揭露敌人,战而胜之——批判'打倒陈毅'的反动口号"。主标题取自毛主席语录,当然副标题还是说明了主旨,叫"批判'打倒陈毅'的反动口号"。

我的印象中这个大字报最少改了四稿,字斟句酌。最后定稿的时候,我提出一个意见:"陈毅同志原来有两次反对毛主席的正确路线"这句话应该改成犯错误。为什么呢?因为关于陈毅同志反对毛主席的问题,只是听陈毅同志自己讲过,中央文件上可从来没有,所以没有必要写什么两次反对毛主席的正确路线。多此一举,不好。

从整体上来看,这个大字报最为核心的主题就是保陈毅,狠批极左思潮。在这个数易其稿的大字报中,我们这些老同志对喊叫打倒陈毅口号的人也不是一棍子都往死里打,而是区别对待。有一部分人的确是坏人,当然要狠狠地批判,迎头痛击。还有一批人主要是被"左"的思想干扰太多,以为越"左"越革命,口号喊得越响越能体现自己的造反精神,这些人其实是不了解真相,所以我们要以理服人,讲清道理,使这些人认识到事情的本质。

大字报说:"以去年四月份开始,外交部围绕着'打倒陈毅'和反对'打倒陈毅'的问题,展开了一场惊心动魄的斗争,这场斗争绝不仅仅是关系陈毅同志个人的问题,而且是关系到对待毛主席和以毛主席为首的无产阶级司令部的态度问题,关系到外交部究竟是什么阶级掌权和执行什么路线的问题,一小撮阶级敌人多次要打倒陈毅,广大无产阶级革命派遵照伟大领袖毛主席的教导,坚决对陈毅同志'一批二保',这场斗争是一场资产阶级复辟和无产阶级反复辟的斗争,是外交部阶级斗争和路线斗争的焦点,阶级敌人的阴谋必须揭穿。'打倒陈毅'的反动口号必须批判。""我们敬爱的周总理日理万机,十分劳累,我们外交部和驻外使馆广大革命同志一起,热烈欢迎陈毅同志尽快回来主持部务,我们将在陈毅同志为首的部党委领导下,把外事工作搞得更好。"

大字报定稿以后,两天之内,先后有91个人签名。

我跑到龚澎那里,征求她的意见,她说她还不能签名,因为自己是党委委员,不方便。但这个大字报贴出去以后,遭到批判整肃的时候,龚澎写了一个比我们这个大字报还要调子高,立场更鲜明的大字报,并且她还对人说她就是没有签名的签名人。

缮写工作也不容易,定稿后有8000多字,抄下来要几十张纸。

葛绮云的书法好,8000字全用楷书写出来,很工整。

1968年2月13日,大字报贴到了外交部办公楼一层的小礼堂前,立即成为头号新闻,观者如潮。

据我观察,有相当一部分人看了大字报后意见不大,也就是基本同意的意思,但个别人有意见,这些意见归纳起来有三点。

一、没有从1967年国际上帝修反疯狂反华的事实背景上去看待问题,没有触动到问题的本质,把所有的问题都归结于极左思潮,有颠倒是非之嫌。

二、全篇都在批判极左思潮,实际上就是保陈毅,保自己,复辟。

三、大字报就是翻案。

大字报上了简报,还进行了广播。

外交部有个"四五战斗队",这些人大部分是过去驻外使领馆的,回国参加"文化大革命",搞了这么一个战斗队。2月24日,他们报告周总理说,91人签名的大字报是右倾翻案。周总理相当重视,当天晚上批示下来了,批示很长,中心意思是:大字报实际上有否定一切的错误,原则性错误,要从右的方面来干扰。周总理还要求部党委表态,我们签名的91人也要表态,最后说如果不表态,他亲自来表态。

第二天,周总理的秘书再次打电话告知意见。一直到3月中旬,连着六次，反复批评我们写的这个大字报。

特别是3月12日，周总理接见外交部各派代表100多人，非常严厉地批评了外交部党委，给大字报一个结论：老保翻天，反攻倒算。

陈老总最晚在2月14日就看到了这张大字报，没有表态，不好表态嘛。

10天后，2月24日，周总理一说要批判，陈老总紧跟着在28日做检查。

陈老总做完检查还上报了周总理。

陈老总在检讨信中声明："91人大字报"的精神和立场是右倾保守的，是对抗"文化大革命"的，我一百个、一千个、一万个不同意这种错误精神和立场。

陈老总的检讨信一公开，造反派于3月6日召开大会，批判我们的"91人大字报"。

周总理让陈老总参加，并且陈老总必须讲话。

陈老总讲话说了四点：

一、感谢群众组织"大联筹"给他检查自己错误的机会。

二、自己在"文化大革命"中的错误是严重的，总是保老干部，指责革命小将。

三、"91人大字报"的要害是借保陈毅为名，实际保自己，结果只会为自己垮台造成条件。

四、外交部党委、91人和自己要敢于承认错误，向群众学习。

在当时那个情况下，周总理和陈老总对我们这些在大字报上签名的人进行了批判。

自此大会小会又对我们进行批斗，日子不好过。

面对劈头盖脸的批斗，我思考着一个问题：这个大字报的观点到底对不对？如果观点是错误的，那么周总理、陈老总的批评就是对的。如果是对的，那么他们为什么要批评我们？

我不认为大字报的观点有错误，核心是从实事求是出发，没有搞颠倒黑白、胡说八道那一套，保陈老总有什么错？

为什么周总理和陈老总要那么坚决地表态？我认为唯一的解释就是这一切都是周总理和陈老总的策略。策略很重要，在斗争中必须要讲策略。从某种意义上讲，我们这个大字报触动了毛主席在"文化大革命"中对其所给予的政治价值判断。周总理必须在不违背毛主席的意思的前提下解决一切问题，我们这些人都是他多年的部下，是经受过考验的老同志，出了这种事情，周总理内心很焦急，他需要尽快把事情平息下去，与其把我们交给造反派，或者说等毛主席发话了，再来斗我们，那么后果不堪设想，所以他亲自来定性，来批判我们，实际上是在保护我们。而陈老总的检查和他的发言，违心之语罢了，不可当真。

"文化大革命"时期，许多问题都有着特定场合下的特定语境。陈老总不做检讨，不发那个言的话，恐怕事情会搞得更复杂更大，更不利于今后的外交工作。搞外交工作首先要有一批懂业务、党性强的同志吧，如果真的把我们这些人都彻底搞倒了，以后国家的外交工作怎么展开？真的让那些风派人物、造反派闯将们去搞外交吗？不可能嘛。所以陈老总发这个言从另一个角度去解读的话，应该也是在保护我们。

陈老总和周总理批判我们至少有个度的把握，不会像造反派，那不叫批判，那叫油炸炮轰，往死里整。

1968年4月1日，非洲司副司长宫达非陪周总理参加一个外事活动。

第二天，宫达非悄悄告诉我，昨天周总理和他谈了大字报的事情，当时除了他之外，只有三名工作人员在场。

我连忙问他："周总理说了什么？"

宫达非说："周总理说大字报为'二月逆流'翻案，要恢复旧秩序，显现出来一个问题，就是外交部的保守派势力不小，而这个大字报是外交部为'二月逆流'翻案的代表作，要彻底批评。"

最后，周总理还对宫达非说了一番话，意思是这91人中绝大多数同志都是认识上的错误，我们要惩前毖后，治病救人，批判从严，处理从宽，绝大多数是认识错误，极少数死不悔改。但绝大多数经过这次批判一定会提高觉悟，前进一步，但要防止又来一个极左抬头。

周总理说得多好啊！前后两段话把他处理这个棘手问题的策略、方式明明白白地表达了出来。

现在有些文章在谈到"91人大字报"的时候说，这91个人在1969年之后陆续获得了解放，分配了工作，走上了更重要的岗位。结论对不对？有一定的道理，但不全面。因为后来在"解放"干部这个事情上，部党委还是在起作用。

周总理在批评"91人大字报"的时候提到了部党委的几个人，说姬鹏飞是常务副部长，连看都不看，大字报就出来了；问到龚澎，龚澎说她看了，没签名，但应该算是签名的人；说乔冠华还给大字报出主意，叫部党委检讨。

姬鹏飞公开承认部党委在"91人大字报"问题上有不可推卸的责任，写了检讨的大字报，贴出去。到最后，姬鹏飞再次代表部党委检讨，我还记得他说了这么几句话："在'91人大字报'的问题上，我们犯了极其严重的错误，从右的方面干扰了我部无产阶级"文化大革命"运动。我们的错误助长了右倾保守思潮的发展，是资产阶级反动路线的一次新的反扑……否定了过去一年多来外交部无产阶级"文化大革命"运动的成绩，这个大字报的要害是借保陈毅同志之名来保自己，为保自己把矛头指向了革命群众，因此我们要对当前外交部运动所发生的曲折，承担责任……"

具体到签字的这91个人，那也是必须要人人过关，写检查。

我反复写了多次检查，送上去，根本过不了关。我都不知道该怎么写了，茫然无措。

这时候，龚澎跑到我家里来帮我写检查，她见我实在不知道从何处去下笔，就亲自操刀替我写检查，写到凌晨4点。

龚澎是党委委员，她比我先过关。造反派要把我作为反对毛主席检讨得好的典型树立起来，让我在所有大会上做检查。他们说只要我这么办，立即给我恢复工作。

我不愿意，拒绝了。他们决定把我作为反动顽固的典型来搞。

我知道这个情况后，悄悄地告诉了龚澎，多亏她多方斡旋，我终于是没有挨太多的整，没有受太多的罪，但最终还是没有恢复工作，被下放到了湖南的"五七"干校。

直到1971年中华人民共和国恢复在联合国的合法席位后，毛泽东在接见代表团主要成员时，为这张"91人大字报"的作者平了反。

· 26 ·

"91人大字报事件"之后，军代表进驻外交部，把我批斗了一个时期。

时间进入了1969年，形势对我来说依然不甚乐观。

外交部的军代表挑选了一些出身好的工人，准备对这些根正苗红的人培训一下，然后派出去做大使。像我这种老保、走资派继续留在外交部显而易见没有必要了，所以决定让我去湖南"五七"干校安家落户。

"五七"干校这种地方或者说这样一个组织形式、机构，的确很有特色。

对这样一个机构，仅就目前我所掌握的资料还没有一个较为系统的介绍，我仅就自己所知道的情况，大致谈一下"五七"干校的来龙去脉。

1966年5月2日，解放军总后勤部给中央军委写了《关于进一步搞好部队农副业生产的报告》。报告说，从几年的情况来看，军队搞生产确实是件大好事，具有重大的政治意义和经济意义；军队在战备时期多搞点生产，是战备的物质条件之一。

5月6日，林彪将报告送给毛泽东。

5月7日，毛主席看完报告后做了批示：要求全国各行各业都要办成"一个大学校"。在这个大学校里，"学政治、学军事、学文化，又能从事农副业生产，又能办一些中小工厂，生产自己需要的若干产品和国家等价交换的产品"。"这个大学校，又能从事群众工作，参加工厂、农村的社会主义教育运动……又要随时参加批判资产阶级的文化革命斗争。"

8月1日,《人民日报》发表社论《全国都应该成为毛泽东思想的大学校》,公布了"五七指示"的主要内容。

1968年5月7日,在毛泽东发出"五七指示"两周年之际,黑龙江省革委会在庆安县柳河办了一所农场,组织大批省直属机关干部下放劳动,定名为"五七"干校。10月5日,《人民日报》发表《柳河"五·七"干校为机关革命化提供了新的经验》。"五七"干校的做法很快推向全国。

中央机关、国务院机关在河南、湖北、湖南、江西、宁夏等18省创办了105个"五七"干校,外交部在湖南的这个"五七"干校就是其中之一。

干校里都是一些什么人呢?像我这样的人占了大多数,105所"五七"干校,前前后后遣送、安置了10多万干部,3万多家属,5000多名知识青年。

不仅中央机关、国务院机关办"五七"干校,省级政府、地级政府、县级政府也都办,全国的"五七"干校算下来数以万计当不为过。

"五七"干校最为昌盛的时期是党的九大之后到1972年。因为1972年4月24日,当时林彪"九一三事件"过去半年多了,《人民日报》发表了一篇社论《惩前毖后,治病救人》,号召要正确执行党的干部政策,解放了一大批老干部。从此,"五七"干校开始走下坡路,但"五七"干校里的人不多了,冷清了,却没有谁敢说把"五七"干校撤销了。直到1979年2月,国务院发出《关于停办"五七"干校有关问题的通知》,各地的"五七"干校才陆续停办。

在这里,我说一些我在"五七"干校的事情,仅作为特殊时期我个人的零星记忆,不成系统。

当时通知我还有我的夫人张明,让我到湖南的"五七"干校去,要求做好在"五七"干校安家落户的准备。

大家都知道"安家落户"的意思,就是"大搬家"嘛,收拾家里的东西,带走的打包带走,带不走的卖了,处理掉。

别人都这么干,我却不动,尽管我家里的东西不多,我也不收拾。

几个好朋友包括夫人张明见我不收拾，问我为什么？

我说："我就不相信毛主席的干部政策就是让我跑到农村去安家落户？我相信党中央，相信毛主席，早晚都会让我们回来。"

我去"五七"干校，什么都不带。

当然，我过去住的房子不能再住了，200多平米的房子，给我的小儿子留下一间，其他的房子都分给别人住了。

出发的那天，火车站背行李卷的，带孩子的，乱哄哄的一团糟，大家的心情可想而知——不好。

龚澎赶到火车站来送我，我们相对无语。

最后龚澎终于说话了："出不了半年，就会回来。"

当然，她说话的声音不大，让别人听见就不好了，毛主席要求的是安家落户，怎么能说半年就回来呢？

后来的事实证明我回来了，只是不像龚澎说得那样，半年就能回来。而我这次和龚澎在车站一别，竟成了永别。

1970年夏末，我在湖南得知她病得很严重，已经病危了。

我思想上斗争了好多天，想请假回北京去看看病危中的龚澎。但这时候我的身份根本不允许我请假，准确地说，我没有资格请假。我是什么？我是死不悔改的走资派，哪里有请假回北京的资格呀？

陆续传来龚澎病情加重的消息，周总理去医院看望她，亲自为她号脉，亲自找北京最好的大夫为她会诊……龚澎陷入了昏迷状态。

9月20日，未满56岁的龚澎永远地离开了我们。

"出不了半年，就会回来。"龚澎在北京火车站送我时说的话犹在耳边。

斯人已去，这算得上是我在湖南的一段昏暗的日子了。

到了湖南"五七"干校，我们这些人就被一些人指指点点，走资派，资产阶级老爷，手不能挑，肩不能抗，就知道享受，根本不会劳动，废物！

其实体力劳动对于我们这一代人并不陌生，而是某种意义上的日常活动。我在非洲的时候，就和使馆的同志们一起种过地。在来"五七"干校的火车上，提水送水，照看孩子，都是自己亲手干的。

在"五七"干校，我开始的工作是养猪。养猪这个事情，小时候在家乡，后来在延安，都见过，知道怎么干。4点钟起床，切菜、搅拌猪饲料。那个饲料袋子不轻，有100斤重，我扛上就能走。我前后养了七头猪，个个长势喜人，膘肥体壮。

大半年时间，我整天喂猪，体力活儿干得多了，饭量也大了，二两一个的馒头，一顿饭吃八个，外加三碗稀饭。

"五七"干校的领导见我干活儿蛮卖力气，饭量大，就向北京提出申请，把我的粮食定量提一下。必须得提呀！当时每人一个月35斤粮食，按我一顿吃八个馒头的量，不够。申请后给我提到了一个月54斤，成了整个干校里粮食定量最多的一个。

有一天，干校有个领导来找我，对我说："柯华，你要再检查一下。"

我知道他说的就是我没有通过的那个检查，主要还是认识"91人大字报"的问题。

领导说："你只要检查一下，你就解放了。"

我当然懂"解放"的意思，就是给我分配新的工作。但让我再写检查，我实在写不出来了。我把最早写的那份检查拿出来，准备到会上念一遍。为什么要把第一份检查拿出来念呢？因为我觉得这份检查写得比较客观、实事求是一些，没有胡乱给自己上纲上线。

反正我不会再重新写检查，让我检查，我就拿这个来应付。没想到原来根本通不过的检查，我一念，居然通过了。

宣布我解放了。

安排的工作也出乎我的意料，让我当外交部湖南"五七"干校的校长。

我找到领导说："我是个养猪的，一下子当上校长，我干不来。一步登天，坐直升飞机的事情我受不了。"

许多人来劝我，叫我当。

我想想，也就没有再推辞。

"五七"干校有一个九人组成的领导小组，我做组长。两个副组长，一个是军代表，再一个是外交部的人。

领导小组经常要研究解决问题，尽管当时已经进入了70年代，可

"左"的思想依然声势浩大,左右着大部分人对各类事物的判断与处理。在领导小组对某件事情进行表决的时候,把我一下子凸显出来,我成了少数派。

我是校长,领导小组的组长,还有相当的发言权。遇到处理一些无关大局的问题,我也讲些策略,就说"少数服从多数,按大家的意思办吧";遇到较为重要的问题,以我的想法不应该那么办的时候,就说"研究研究再说吧";最棘手的问题出现了,反对我的声音很强烈的时候,就说"散会,暂时不做出决定"。这三种办法在"文化大革命"中期,在湖南"五七"干校这个小小的范围内还是起到了一点削弱"左"的思想可能造成的曲折。

比如外交部来通知让我部署老干部在"五七"干校安家落户的工作。这批老干部中有甘野陶,他是1925年入党的老同志,1950年就调到了外交部工作,搞外交工作很有经验,我觉得叫甘野陶留在干校劳动比起继续搞外交工作来说,可惜了,他不能在这里安家落户。

我私下找到甘野陶说:"如果这几天有人找你谈话,动员你留在这里安家落户,你就说相信毛主席的干部政策,我要继续为外交工作做贡献。记住,一定这么说。"

甘野陶是明白人,知道我的话是关心他。

有一次干校领导小组讨论一个人的入党问题,我开始也没有什么意见,后来听说这个人反对周总理,我开始还不相信,一调查,果然他有反对周总理的言行,我就把他的入党志愿书压下来,不签字。

军代表见此,问我为什么不签字。

我说:"因为他反对周总理。"

军代表说:"开会的时候,你不是同意了吗?怎么现在说他反对周总理?"

我说:"开会的时候,我表示同意,是因为那时候你们没有把他反对周总理的言行告诉我。如果现在你一定要我少数服从多数,表示同意的话,那么我签字的时候就把我对他反对周总理言行的意见作为我个人的保留意见写到上面,你看怎么样?"

军代表当然不能接受我的做法了，后来直到我调走，我也没有签字同意这个人入党。

林彪"九一三事件"后，一级一级地传达，传达到干校领导小组的时候，我一高兴，提出弄两瓶酒、几个菜，庆祝一下。

我对领导小组的成员们说："今天我请客。"

有人说："干校有纪律，不许喝酒。"

我说："破例了，这是大好事情，破例！"

1972年年底，我终于要离开干校了，奉派到加纳任大使。

我正收拾行李，过去斗我的一个造反派来给我送行，说着说着，他表示向我道歉。

我一听他给我道歉，赶忙说："过去的事就过去吧，咱们只要能总结经验，接受教育就行了。"

我到加纳后，没过多长时间，这个人居然被派到了我的手下工作，他又向我道歉。

我告诉他："不用给我道歉，你就放下包袱吧。你当时打倒我，造我的反不算什么，连刘少奇、邓小平都被打到了，我算什么呢？今后你就好好工作吧。"

"五七"干校的生活不长，仅上述这么几件事情还留有印象，其他乏善可陈。

现在回想起来，"文化大革命"到了70年代，在乏善可陈的背后，我认为大家都很疲倦了，"左"的一套做法，我相信已经逐渐地不得人心了，但真的要结束"文化大革命"，却还要待以时日。

· 27 ·

"文化大革命"期间，我在加纳任大使的时间不长，从1972年9月到 1974 年 8 月，差一个月才两年。

我前面提到过，加纳和我国建交，我是参与了谈判的，后来黄华去任大使。1966 年 10 月，加纳和我国断交，到 1972 年 2 月才恢复了邦交关系。

这次派我去加纳做大使，我向组织上提出了一个要求，我要带一个人过去。参加革命工作几十年，我在人事问题上还从来没有向组织上提出过任何要求。这次提出来有我的考虑，"文化大革命"时期，派性是一个普遍现象，人们都分成派，互相争斗，一个单位甚至一个家庭都可能分成几派，工作的话，肯定要受到派性的影响，所以我去加纳需要有个得力的人，这个人就是卫永清。

卫永清毕业于燕京大学历史系，1945 年入党。建国初期就在外交部工作，在中国驻印度使馆任三秘期间，不知道怎么搞的，受了些冤枉被调回国内。

卫永清回国之后，人事司为他安排工作，与几个司联系，都不愿意接收他。后来人事司推荐到我这里，当时我想即便卫永清有错误，也不能没有工作吧？这里拒绝，那里拒绝，不就把人家一棍子打死了吗？再者说了，表面上看，卫永清是犯了错误被调回国内，但卫永清犯错误的情况比较复杂。我判断真正的错误恐怕并不在卫永清本人，他一个三秘能犯多大的错误？

我安排卫永清做了科长，观察了一段时间，没有发现他有什么不好的地方。1960 年，我去几内亚工作的时候，卫永清也去了，做一秘。他做一秘，和我在工作方面的接触多了，看得出来他为人正派，工作能力强，原则性把握得比较好，我个人觉得卫永清蛮有潜力。

到了加纳之后，卫永清做政务参赞，与我配合得不错，工作起来很认真，很负责。

我把大使馆的内部事务基本上交给卫永清去做，使我有较多的时间专心于我们和加纳外交方面的事务。这一段可以说是在我驻外的 10 多年外交生涯中较为舒心的一个时期了，我不必再操心使馆的内部事务，卫永清做得很让人放心。

柯华夫妇（左六、左八）与中国驻加纳使馆的工作人员合影（右四为卫永清）

在加纳期间，我和卫永清的谈话往往比较深入，我可以把自己的一些最为真实的想法告诉他。

有一天，我对卫永清说："咱们现在还是外交官，但你我可要有心理准备，不知道哪一天会当难民。"

卫永清听了不明白其中的意思，我解释说："如果有一天那些人上台了，国内一定要让咱们表态，我只有'反对'二字。我表态反对了，肯定就会被立即切断经济来源，沦为难民。"

卫永清知道我说这番话的严重性，他说："咱们一起当难民。"

卫永清明白我说的"那些人上台"指的是江青、张春桥等几个人，卫永清的原则性、立场性在此可见一斑。

第二天，我找来卫永清，就前一天的话题，我又说："我们做不成难民了。"

卫永清一听，看着我，意思是难道你得到了什么内部消息？

我笑着对卫永清说："晚上我认真地想了想，如果江青、张春桥这么几个人上台的话,我坚决相信国内肯定会有人揭竿而起,那咱们回去之后,可以到反对他们上台的地方去工作,不就当不了难民了吗?"

如今我回忆起当时和卫永清这么一次小小的插曲,心情依然愉快,人生得一知己足矣!

后来卫永清出任了中国驻土耳其、委内瑞拉、肯尼亚的大使。

"文化大革命"给我们的事业所造成的伤害有宏大叙事中的表现形式,比如对国民经济的损害,对一大批老干部的伤害,对许多革命元勋的迫害,等等,这些都可以平反昭雪,予以改正。可更重要的是,因为毛主席发动的"文化大革命"彻底地为"左"的思想提供了一个长达10年的飞速发展、茁壮成长的沃土,它对我们每个人所造成的浸入日常工作思维中的毒害却比较难以净化,不是一代两代人就可以清除干净的。

最后我补充一点,主要针对"文化大革命"闹得最激烈的那个时期,从1966年到1969年底,与我国建交的国家只有一个——也门。

"文化大革命"爆发以后,搞得最最激烈的那一年半时间,40多个已经和我们建立外交关系的国家发生了外交冲突、纠纷,加纳、印尼和我们断交,流血事件也有发生。其中最主要的原因就是我们的"文化大革命"大有走出国门之势,许多极左思想与做法被强加于人,他们跑到外国宣传革命,让人家跟着一起胡闹,使中国的外交工作走入了一条死胡同。

·28·

1974年8月,我从加纳奉调回国,出任外交部亚洲司司长。这期间,我们正和泰国、菲律宾谈判建交事宜,亚洲司承担了许多具体工作。

1972年2月,我国和美国共同发表了《联合公报》,意味着中国和美国结束了敌对关系，开始了关系正常化的进程。国际社会的反应很快显现出来，一大批国家开始谋求与中国建立外交关系，相应调整了对中国的外交政策。

在此背景下，菲律宾也积极谋求与中国政府建立联系。

中美《联合公报》发表前10多天，周总理在北京会见了菲律宾总统费迪南德·马科斯的代表罗姆尔德斯，明确告诉他中国政府愿意和菲律宾发展友好关系。

这次会见之后，菲律宾总统马科斯签署了一个行政命令，放宽对社会主义国家的贸易政策，也是向中国政府表示菲律宾政府的友好意愿。

1973年5月初，菲律宾商会的首脑人物克拉维西利亚率领代表团来中国，周总理在接见时直接告诉他，目前你们菲律宾和台湾还保持着外交关系，所以同我们建交有困难。我们可以等待时机，我们不急。在我们没有建交之前，也可以先从贸易、文化入手，贸易可以发展，文化交流也可以进行一些，先互相来往。

1974年9月20日，菲律宾总统的夫人伊梅尔达·马科斯以总统特别代表的身份访问北京。周总理在会见伊梅尔达的时候依然明确地告诉她，我们建交的原则是，建交国必须与台湾断交。我们与日本、马来西亚建交就是在这个基础上解决的。至于台湾在菲律宾的投资问题，我们的意思是可以作为地区性问题来解决。中菲建交是两个国家之间的事，菲律宾和台湾的关系是和中国一个地区的关系。

伊梅尔达这次访华，中方给予了高规格的友好接待。除周总理外，毛主席、李先念副总理也分别会见了她，她表示，菲律宾希望与中国尽快建交，希望中方邀请马科斯总统访华，亲自解决两国建交的问题。这次访问取得了良好成果，为两国建交铺平了道路。

从1972年到1974年，可以说是周总理基本上定下了我们和菲律宾建立正式外交关系的基调，并对所有棘手的问题进行了基本的框定。

1975年早春，我受命同菲律宾方面进行建交谈判，基本上已经是水到渠成了。菲律宾方面派出的谈判代表就是1972年来中国的罗姆尔德斯，这时候他正担任菲律宾驻日本大使。

我和罗姆尔德斯主要围绕四个核心问题进行谈判。

第一个问题比较敏感，就是中国共产党和菲律宾共产党的关系问题。

上级对我在谈判中涉及到这个问题时是有所指示的，所以罗姆尔德斯一提出来，我就说："毋庸置疑，在道义上，中国共产党同世界上所有国家的共产党之间的关系应该是互相同情、互相支持的，但我们中国共产党和政府也有一个原则，我们从来认为革命不能输出，不能越俎代庖，中国不可能做出那种干涉别国内政的事情来，违反国与国之间的关系准则。"

听我这么一说，罗姆尔德斯打消了原有的疑虑。

紧接着罗姆尔德斯又提出了第二个问题：菲律宾华裔和华侨的问题。

我告诉他："50年代万隆会议的时候，周总理就对华裔和华侨的问题做了详尽说明。中国政府不主张双重国籍，并且鼓励华侨加入所在国的国籍，赞同他们为所在国的独立、发展做出积极的贡献。"

第三个问题自然就谈到了南沙群岛的问题。

我首先阐明了中国对南沙群岛问题的一贯立场，然后告诉他："这个问题目前咱们先放下来，不要谈，以后总可以找到适当解决这个问题的办法。"

第四个问题涉及到台湾，菲律宾政府方面知道我们的原则，我只是简单地再次重申了我们的立场。

谈完这四个问题，罗姆尔德斯像是开玩笑地对我说："希望贵国派到我们国家的大使要注意选一个身体好的外交官去。"

我不说话，等着他继续说下去。

罗姆尔德斯笑着说："我们的总统夫人常常要工作到深夜。"

其实这时候我和罗姆尔德斯谈判中菲建交问题，中央已经内定由我去做大使，现在我听他这么说，心想我这人瘦得很呀，体重只有50公斤。

我开玩笑说："那么我们会找一位像杂技团团员身体的人去。"

罗姆尔德斯笑了，"好，好！很好，很好！"

罗姆尔德斯很快回菲律宾汇报谈判的情况，总统马科斯决定抢在美国前面与中国建交。

柯华与李先念在一起

6月初,菲律宾总统马科斯携夫人及一大批人来到北京。按照惯例,总统来访应该把他们的来访人员名单、人数告诉我们,礼宾司好进行安排,但是菲律宾总统夫妇来访却没有告诉我们这些。

下飞机时,我们粗略地点了一下人数,菲律宾方面来了200多人。我们只好进行实名登记,发现菲律宾总统夫妇带了好几个部长来。

毛主席对菲律宾总统马科斯夫妇的到访比较重视,去机场迎接的是邓小平副总理。

马科斯夫妇到北京三个小时后,就在邓小平副总理的陪同下到中南海去见毛主席。

当时毛主席的身体已经较为虚弱了,会见时马科斯总统上前拥抱毛主席,然后总统夫人伊梅尔达还有他们的两个女儿也走上前去,在毛主席的脸颊上亲吻了一下。

毛主席招呼客人们坐下,说了一句话:"我们是一家人。"

马科斯总统对毛主席说:"中国是世界上自力更生最大规模的杰出典范,我是东方人,不能不为贵国的历史性成就感到光荣。中国是第三世界的当然领袖。"

毛主席一听,马上说:"中国不当头。中国有句古话:'己所不欲,勿施于人。'我们和你们都是第三世界，都曾经受过侵略，有相似的遭遇，有共同的命运，中国不会威胁和危害菲律宾和其他任何国家。中国不称霸，今天不称霸，就是将来强大了，也永远不会称霸。"

毛主席说完，我看他意犹未尽，还有话要说。果然，毛主席又对马科斯总统说："'木秀于林，风必摧之；堆出于岸，流必湍之；行高于人，众必非之。'中国不会当这个头。"

当时在座的外交部同志没有听明白毛主席后面说的这几句话，翻译也没有译出来，后来还是我们问了专家，才明白了这几句话的意思。

毛主席这次会见马科斯总统是他晚年会见外宾时间最长的一次。

当天晚上，周总理在301医院会见了马科斯总统一行。

当时周总理的身体已经很不好了。原定只能会见15分钟，但周总理为了中菲两国的友谊，坚持着和马科斯总统夫妇及他们的女儿谈了35分钟。

马科斯总统见到周总理时还是重复了他对毛主席说过的话："中国是第三世界的当然领袖。"

周总理侧过身体，目光诚挚地对马科斯总统说："第三世界应该是一个民主的大家庭，毛主席已经讲过，中国不当这个头。我们恪守万隆会议和平共处的原则，不干涉别国内政，不搞霸权主义，反对大国沙文主义。"

周总理风趣地对马科斯总统的两个女儿说："如果将来有一天，中国有人搞大国沙文主义的话，搞霸权主义的话，你们就应该起来反对。"

马科斯总统听了周总理的话颇为激动，他问周总理是哪一年出生的？

周总理说："1898年。"

周总理话音甫落，马科斯总统的夫人伊梅尔达突然兴奋地从沙发上跳了起来，大声说："您和我们菲律宾是同一年诞生的。如果有人问我，我就会说菲律宾共和国和周恩来总理同岁，周总理带给了我们独立。"

周总理谦逊地笑了，摆摆手说："感谢您这么说，我永远做菲律宾忠实的好朋友。"

马科斯总统提出希望周总理和他一起签署两国建交的联合公报,周总理有些为难地说:"上次我签署了和马来西亚的建交公报之后就住进了医院,现在我的身体状况……"

伊梅尔达赶紧表示说:"我相信这次您亲自签署联合公报之后,您一定就能出院了。"

周总理微笑着感谢她的好意。

尽管当时周总理已经非常虚弱了,但两天后,周总理还是在医院会客大厅亲自出席并签署了《中国和菲律宾建交联合公报》,两国自即日起正式建立外交关系,当时代替周总理主持国务院工作的邓小平同志也出席了签字仪式。

1975年6月7日晚上,周总理会见了马科斯总统一行,对我来说是一个非常难忘的日子,当时到医院已经是晚上11点零5分了。

我从1969年离开北京到湖南"五七"干校,然后去加纳,又回到北京在亚洲司工作,算起来我有六个年头没有见到过周总理了。

我陪同马科斯总统夫妇去拜会周总理,周总理办公室的同志和我们事先约好,大家见到周总理之后不要再和他握手了,站的地方离周总理进门处稍微远一点。

周总理走进来,一眼看到我,径直向我走来,握着我的手说:"柯华,我们好几年没有见面了。"

这个时候的周总理已经很瘦很瘦了,我看着他老人家清癯的面容,禁不住眼眶湿润了……

我小心地轻轻地握着周总理的手说:"大家都很想念您,问您好!"

周总理握住我的手摇了摇说:"谢谢!"

我怎么也想不到,1975年6月7日晚上,这是我一生中最后一次和周总理握手。尽管后来因为参加贺龙的追悼会、有关我国和泰国建交事宜,我还见过几次周总理,但我却从此再未与他老人家握过手。

《中国和菲律宾建交联合公报》签署之后,马科斯总统在人民大会堂举行了一个盛大的招待宴会。盛大到何种程度呢?请了四五千宾客。

菲律宾人喜欢吃烤猪,马科斯总统为举办这个宴会,他用飞机从菲律宾国内运来了烤猪专门用的沙子，铺到人民大会堂厨房的地板上，做烤猪。

菲律宾和我国建交是 1975 年 6 月 9 日。6 月 17 日，根据组织上的安排，我投入到了和泰国的建交谈判中，这次泰国方面派来的谈判代表是泰国驻联合国代表兼驻美大使阿南。

泰国是中国紧邻。我的老家潮汕地区的人都知道暹罗，许多人到暹罗去做生意，我叔叔就去了。这个被我们家乡人称为"暹罗"的地方就是泰国。

"泰国"这个名字很有趣，"泰"字在泰语中是"自由"的意思。当然，暹罗改称"泰国"的时间并不长，第一次把"暹罗"改成"泰国"是 1939 年，改了没有多长时间，又改回去了。1949 年正式定名为"泰国"。

泰国在东南亚地区的国家中很特别，虽然也遭受过西方殖民主义者的侵略，但一直没有被变成殖民地，始终是一个独立的国家。尽管它是独立的，是一个君主立宪制的国家，可是它的地位却也微妙。1896 年的时候，英、法两个老牌殖民主义国家签订了一个条约，规定暹罗为英属缅甸和法属印度支那间的缓冲国。

泰国的华侨华人多，占总人口的 12% 左右。在这 12% 的华侨华人中，80% 是广东人。在 80% 的广东人中，我家乡的潮汕人占了 90%，所以我前面提到我们老家的人都知道泰国，知道暹罗。

泰国的华侨华人这么多，我和阿南谈判时必然会就此谈得多一些。

泰国方面颇多疑虑，因为泰国比菲律宾离中国还要近，紧挨着嘛，它比起菲律宾来顾虑更多，当然核心问题还是华侨华人的问题。

我反复向阿南阐释我国的立场，反反复复地解释，一个立场说了好几遍，今天讲了，明天还要讲，终于让他消除了疑虑。

1975 年 6 月 30 日，应周恩来总理的邀请，泰国总理克立·巴莫率团来北京。这是泰国首脑第一次访华，周总理抱病会见了他。

会谈期间，周总理向克立·巴莫说了很长一段话，我至今记忆犹新。

周总理说，我给总理阁下讲清楚两个问题，中国和泰国有几百年的来往了，现在泰国还有 300 多万华侨华裔，他们跟泰国人民相处得很好。

新中国1949年刚成立的时候,我们就有个声明,不主张双重国籍。我们这么做有利于我们和亚洲邻近国家搞好关系,和睦相处。我非常欣赏总理阁下在曼谷和香港所宣布的:泰国华侨在国籍选择上只能有两个选择,一个加入中华人民共和国,再一个加入泰国,没有台湾"国籍"。另外,我们中国永远不称霸。

周总理刚刚说完,克立·巴莫兴奋地说:"请阁下把您刚刚讲的'不称霸'三个字写给我,我要做在领带上,分赠给所有朋友,告诉他们,中国是我们的朋友。"

周总理笑了笑说:"好,我写给你。"

在周总理和克立·巴莫总理会谈快要结束的时候,周总理言语间转向了新加坡总理李光耀。

周总理说:"阁下见到李光耀总理的时候带我向他表示问候,我们中国政府充分尊重新加坡作为一个独立的国家存在。如果你方便,我希望你把我们两国的建交公报请李光耀总理也看看,我们中国非常希望东南亚地区能成为一个和平区。当然,这个愿望实现起来还很艰难,不过我们都需要努力地去推动它。"

周总理这时候的病况已非常糟糕,但他谈到李光耀时,我感觉到这绝不是周总理的一种客套,而是他一贯的细致作风在生命接近尾声的时候依然没有改变。

7月1日,周恩来总理和克立·巴莫总理共同签署了《中泰建交联合公报》。

从此以后,直到我退休,我再未经手过我国与别国建交谈判的工作。

在我40多年的外交工作中,从非洲的加纳到泰国,一共有四个国家是我主持或参与建交谈判的。加纳和马里的谈判波折不大,可谓顺利,泰国和菲律宾虽然在谈判中有些具体的问题比较棘手,但在对方了解了我们的政策后,也基本上无甚波澜。

· 29 ·

1975年12月底，我被任命为中国驻菲律宾特命全权大使。

菲律宾在很早以前是以吕宋、麻逸、苏禄、胡洛等地的名称闻名的。1542年，西班牙航海家洛佩兹继麦哲伦之后第二个来到这个群岛，为了炫耀西班牙帝国在亚洲开疆拓土的功绩，以西班牙王子菲律普的名字把群岛命名为"菲律普群岛"。西班牙人对这里的统治直到1898年才结束，长达300多年。菲律宾宣告独立，成立了菲律宾共和国。与此同时，虽然菲律宾宣布成立了共和国，但这时候美国和西班牙打了一仗，西班牙战败，美国宣布菲律宾共和国是其领地，这样它就成了美国的殖民地。第二次世界大战结束后，1946年7月，菲律宾摆脱了美国的殖民统治，再次宣布独立，国名依然为"菲律宾共和国"。

前面讲我受命与菲律宾进行建交谈判，提到过当时的菲律宾总统费迪南德·马科斯，下面我先说一下马科斯总统。

这个人有点意思，二战期间，他参加了美国和菲律宾的联军，是个基层军官，但他参加过巴丹战役，不容易。

1942年上半年的巴丹战役在二战时期的东南亚战场上颇有影响，特别是从美军的历史上看，更有些别样的况味在里面。巴丹战役是美军历史上唯一一次规模性的投降，投降人数多达7万。而这次战役的统帅是著名的麦克阿瑟将军，更著名的是这些美军士兵和菲律宾士兵被日军俘虏之后，要把他们从巴丹运送到奥唐奈战俘营，有100公里的路程，日军没有卡车，战俘们只得步行前往，中间还要穿越丛林，被军事史学家称作"巴丹死亡之旅"。

美军在路上死了1500人，菲军死亡10000多人。只有极少数人得以在路上脱逃，而在极少数人中就有马科斯。

马科斯在二战中的经历对他日后从事政治活动起到了相当的作用。1945年，马科斯被盟军统帅麦克阿瑟任命为北吕宋八省行政官。1946年，他成为菲律宾共和国首任总统曼努埃尔·罗哈斯的技术助理。

柯华夫妇（前排右二、右三）在机场接受菲律宾民众的热烈欢迎

1956年，他成为菲律宾自由党的领袖。

马科斯从1964年当选菲律宾总统，到1986年因众所周知的选举舞弊案被赶下台，执政22年。

1972年9月23日，马科斯政府宣布在全国实行军事管制，我在菲律宾任内正是军事管制期间。不过他的经济政策还不错，例如实行大米自给计划，把引进外资及外资在菲律宾可能会涉及到的相关法案都进行了体系化的建设。

马科斯把菲律宾国内的私人武装还有菲律宾共产党的武装基本上都消灭掉了，但他消灭菲律宾共产党武装却并不妨碍他和苏联、中国、古巴及好几个东欧国家建交。

1975年12月15日15时，我带领八名外交人员乘飞机抵达菲律宾首都马尼拉。我之所以对到马尼拉的时间记得非常清楚，是因为我走出机舱门的时候，一个场面让我难以忘怀。

当时到机场来欢迎的政府方面的人是菲律宾外交部礼宾司司长卡智墨，他来机场欢迎我们属于外交惯例，我并不惊奇。我惊奇的是机场上

1975年12月，柯华大使（左）向菲律宾总统马科斯递交国书

柯华大使在向菲律宾总统马科斯递交国书的仪式上讲话

竟然有好几千人挥动着手里的小旗子拥上来,并用汉语高呼口号。

卡智墨告诉我,今天欢迎大使阁下的有5000多人,有菲律宾人,但更多的是华人。

我作为大使到一个国家赴任,受到驻在国民众如此欢迎的场面,这在我的外交生涯中绝无仅有。

我与菲律宾方面进行建交谈判的时候涉及到的华侨问题,从这个欢迎场面中即可见一斑。

我在机场发表了一个书面讲话,面对华人华侨如此热烈的欢迎,我情不自禁地连声向大家道谢。

马尼拉当地的报纸在我到任后接连发表署名文章,还在报纸上刊发通栏的大标题:欢迎柯华大使——华侨的父母官。

我最先注意到报纸上的这些署名文章有相当一部分是针对台湾的国民党,说他们不但不担负起维护侨民安全与福利的责任,反而仗着权势为非作歹。虽然我对过去的事情所知有限,但我从中能体会到菲律宾华人华侨对中华人民共和国所寄予的厚望。报纸上说:"对大使柯华,本地华人期待已久,寄望甚殷。"再一个方面依然是谈华人华侨问题:"我们希望,在中国大使的配合下,本地华人问题能得到更迅速的解决,更多的华人能更迅速地加入菲籍,和菲人民结合起来,为我们菲律宾民族贡献力量。"

这些信息归结起来就是在菲律宾,华人华侨的工作是重点之一。我详细地讲几件事,其中也涉及到台湾国民党方面。

我先讲一下我在菲律宾任期内所经历的两件大事,都发生在1976年。

第一件事,我到菲律宾是1975年12月15日,过了23天,1976年1月8日,敬爱的周总理与世长辞。噩耗传到马尼拉,使馆的同志悲痛万分,我当时就哭了,晚上睡不着觉,坐在床上嚎啕大哭,那种心情至今说起来无以言表。

我在悲痛中冷静下来,安排使馆的人布置灵堂,接待前来吊唁的人。

恰在此时,因当时国内特殊的政治气候影响,有件事立即摆在了我

1976年1月18日，柯华大使在中国驻菲律宾使馆举行的周恩来总理追悼会上致悼词

的面前，让我决断。周总理去逝之后，菲律宾政府的官员们及华人华侨都赶到使馆来吊唁，菲律宾政府部门及华人华侨中一些团体以降半旗的方式表达对周总理的哀思。但国内来电报说不准降半旗，1月15日再降半旗。电报在使馆引起大多数同志的不满，大家猜测电报到底出自谁手？什么意思？

请示到我这里，问我到底降不降半旗？

外事纪律放在那里，我作为大使，压根儿没有权力决定在使馆是否降半旗，加上国内来电说得很清楚，不许降半旗，如果……

其实对我来说没有"如果"，我表示说："降，咱们降半旗！不去管它，先降！"

我心里清楚，国内之所以来电说1月15日才降半旗，肯定是有人捣乱。

我一边让使馆的人降了半旗，一边向国内报告，并建议应该让所有驻外使馆都降半旗。

当然，我的这个建议如石牛入海，没有了下文。

后来，我回国查了档案，果然不让降半旗是有人捣乱，延迟至1月15日降半旗的决定出自王洪文。

第二件大事，1976年10月，在没有接到国内电报的情况下，我最先从菲律宾的报纸上看到党中央一举粉碎了"四人帮"的报道。这是一件在国际上有着绝对轰动效应的大事件，有好些记者跑到我们大使馆来采访，要求证实是不是把江青、张春桥、姚文元、王洪文抓起来了。

尽管当时使馆还未接到国内的通知，但这么大的事情，国外的报纸铺天盖地地报道了。

记者问到我时，我说："我所知道的跟你们一样，都是从你们的媒体上得到的消息。"我认为自己的回答还可以。

面对这样一件震惊中外的大事件，在还不了解国内情况的形势下，其实相当考量一个外交官的能力。

下面我接着谈华人华侨问题。

菲律宾的华人华侨对新中国的了解还不够深入全面，他们对台湾的了解要比对我们的了解多一些，原因比较简单，1949年新中国成立，到1975年6月，我国和菲律宾建交，中间相隔了26年。

我在菲律宾经常参加一些活动，去的地方比较多，我是汕头人，会讲汕头话，闽南话也说得来，所以我在一些华侨集会上用家乡话一开场，华侨们听到乡音，首先距离感拉近了，交谈得比较随意。

首先我告诉菲律宾的华人华侨一个国内真实的信息："中国的经济建设取得了很大成就，但的确现在还不发达，国家还穷，要使整个国家富强起来，让全中国人的生活水平得到提高，需要很长一个时期，多长呢？几十年，上百年的奋斗。"

接着我很简略地说说中国和菲律宾的关系："中国和菲律宾都曾经受到帝国主义的侵略，同属第三世界。远在西班牙入侵菲律宾之前，中国人就来到菲律宾做生意，世世代代同菲律宾人民相处如兄弟，现在更是如此。新中国的政府不主张华侨拥有双重国籍，我们鼓励华侨加入菲律宾籍。对于加入菲律宾籍的华侨，中国政府怎么看呢？这一点大家可能要问我，我明确地告诉大家，你们加入了菲律宾籍，我们仍然是好亲戚。"

我每到菲律宾的城乡各地都讲这些，报纸上就有所反映，特别是华人的主流报纸，刊载文章称我是父母官，我实在不敢当。

刊载的文章中有这样一段话："二十年来我们所盼望的父母官终于来到我们面前，心中的喜悦，真如年久失散的儿女，终于和父母能重逢那样，是一时难以诉说，一时难以形容的。"

华人华侨是这样一个态度，那菲律宾政府的态度是怎么样的呢？

有一天，菲律宾国防部长恩里莱见到我，他说："我有个事情要对大使阁下讲一下。"

我说："请讲。"

恩里莱说："说实话，您刚开始到菲律宾，出门时，我都派人跟踪你，你到了什么地方，说了什么话，做了什么事，我们都知道。感谢你和中国大使馆的先生们为加强中菲友谊所做的工作，我现在对你们很放心。"

其实菲方派人跟踪我，我并不感到意外，但我始终坚持一个原则，绝对不干涉菲律宾的内政。

为什么要在菲律宾特别强调不干涉它的内政呢？因为我们是社会主义国家，我们是共产党的政府，菲律宾方面担心我们和菲律宾共产党还有菲律宾南部解放军搞些什么动作。我在工作中特别注意这一点，所以取得了菲律宾政府方面的信任，应当说是顺理成章的事。

我除了对菲律宾共产党和菲律宾南部解放军这些敏感问题坚持按照中央的指示办，坚决依照中央制定的政策办之外，可以说对华人华侨的工作做到了事无巨细。

初到菲律宾，我们办公的使馆过去是台湾的"使馆"，《中美上海联合公报》发表以后，住在这里的台湾国民党代表心灰意冷，把这里搞得破败之气尽显。及至台湾国民党方面撤馆之时，他们干了一些非常小儿科的事情，比如说把汽车留下来，却把车钥匙拿走了；在房间里安装窃听设备；最可气的是他们把粪便涂得满屋子都是，有意破坏一些建筑，等等。

我们来了之后,尽快地进行了修缮。好多人说我只要到国外去,就喜欢修房子。后来我到了英国,还是修房子。

使馆的房子修得漂漂亮亮,当地的华侨很高兴。因为漂亮清爽的大使馆让海外的华人无形中有一种自豪感,这里成为了马尼拉一处受人尊敬的地方。

华人华侨们说:"以后有事,终于可以来这里诉说了,大使馆是华侨们的家。"

为什么他们对中国大使馆有这样的感情呢?我想主要还是我平时与华人华侨的交往中与他们建立的关系所致。

有一位当地华侨领袖的女儿,她本人是个医生,经常来大使馆给大家义务看病。她的心很细,方方面面都做得很周到,当然,医术也相当好。

这位女医生来使馆的次数多了,大家也就熟悉了,有一天我终于知道她正为自己的婚姻烦恼着。我一了解,认为她的这桩婚姻还没到无可救药的地步,只是有些忽然而起的变故而已。

我约了女医生的父母和她的丈夫,请他们来使馆做客,一起吃饭。

大家坐下来后,我首先说明白请他们吃饭的目的是什么,是想让他们开诚布公地谈一谈。

我说:"送你们夫妻两句话,都是老话,一个是'举案齐眉,相敬如宾',再一个是'夫妻没有隔夜仇'。夫妻之间嘛,磕磕碰碰在所难免,只要今天咱们当面谈开了,也就好了。我看呀,你们还是一对,还是夫妻。"

我劝了之后,女医生的父母也劝。

看得出来,他们夫妻还念着过去的情分,我看着女医生的丈夫,不再说话。

他低下头,过了一会儿说:"我听大使先生的。"

我端起酒杯说:"如果你们同意我和你们父母的意见,就请干杯,否则……"

我的话还没有说完,他们夫妇就把杯中酒一饮而尽了。

后来这对夫妻携手白头了。

在菲律宾做华人华侨的工作不能总是讲道理,而是要深入到他们的日常生活中去,和他们交朋友。当然,也不能总是交华人华侨界的上层朋友。有一位社会地位不高,但很爱国的华侨老人去世了。我了解到这位老人生前积蓄不多,几个孩子都只是做些小本生意,生活都不富裕。但老人一生辛劳,算是为菲律宾社会做了贡献,所以他发丧那一天,我专程去吊唁,向老人深深鞠躬,以表达哀思。

华侨为此发出感慨:"老人一辈子劳累,今日归山,有'父母官'到场,能享受大使一鞠躬,真是多有哀荣。"

柯华夫妇在中国驻菲律宾使馆留影

柯华大使的夫人张明在中国驻菲律宾使馆留影

还有人说:"共产党够朋友,重人情!""老人无权无势一生,大使亲自来吊唁,谁说共产党六亲不认,不要祖宗?!"

这些话在菲律宾华人华侨圈里流传开来,好些我认识或不认识的人都来大使馆向我致谢。我告诉这些华人华侨:"毛主席曾经讲过:'不管死了谁……只要他是做过一些有益的工作的,我们都要给他送葬,开追悼会,用这样的方法,寄托我们的哀思。'今天,在中国各地都是这样,为故去的老人吊孝,是对亡者的追思,对生者的慰藉,都是我应该做的。"

我在菲律宾交了一位朋友——吴永源教授,他是马尼拉《世界日报》的创办人、总编辑。改革开放之后,经他手开辟了厦门到马尼拉的航线,是为菲律宾和中国的经济建设都做出了贡献的一位华侨领袖。

我和他交朋友之后知道了一件事情,吴永源有一个青梅竹马的女友,他们俩早年参加过一个读书会,向青年人传播知识,帮助青年人进步。后来这个女友迁居到了宿务,一个在马尼拉,一个在宿务,不知道怎么

柯华大使夫妇（前排左六、左三）与吴永源（前排左五）等合影

搞的竟然长期断了音信。

然而姻缘聚会，巧合多多，两个人很偶然地在马尼拉见面了，双方才知道都没结婚。本来顺理成章，其中一个多说一句话，把这层窗户纸捅破了，他们可能就会结合在一起，但却谁都没有提及此事。

恰好吴永源在马尼拉开了一家汽车零件商行，这位女士主动帮他经营，做了商行的经理。

生意做了几年，两个人合作得相当好，却依然不提婚嫁之事。

这时吴永源已过了知天命之年，旁边的朋友看着着急，就问他们："看你们两个生意上合作得这么好，平时又都是那么节俭，没有下一步的打算？"

两个人被朋友这样问过后，依然是没有下文。

他们的朋友，也是我的朋友，跑来问我怎么才能把他俩的婚事撮合成。

我出主意说:"我看呀,他们两个人其实都是有意的,但时间拖得太久了,这么一来确实谁都不好先开口了,两个人之间说到底就是一层窗户纸的事情,需要别人帮他们捅开。我想呢,最好还是先找女的谈,只要她点头,事情就容易了。"

这位朋友也是菲律宾的华侨领袖,平时说话也有分量,他找到这位女士,一脸严肃地说:"我今天是奉命来找你,找你谈婚姻大事。"

女士纳闷地问他:"你奉谁的命?"

这位朋友很认真地说:"我奉柯华大使之命来和你谈婚姻大事。你知道我和吴永源都是柯华大使的老朋友,我和柯华大使愿意给你和吴永源做大媒,你看怎么样?愿意吗?"

女士听了只是笑眯眯地看着他,不说话。

这位朋友又跑到吴永源那里说愿意做媒。

吴永源也只是笑,不说话。

这位朋友又跑来找我,说明情况后,他说:"你看看,柯大使,我按您的意思分别找他们谈,两个人谁也不说同意,谁也不说不同意。哎,我倒是想成人之美,可我人微言轻呀!看来得您亲自出面了。"

我说:"好好,我出面,请他们两个人,你也参加,我夫人也参加。"

大家如约而至,坐定之后,我边用手画一个弧线边说:"今天咱们在一起,是绕圈说?"我又用手指指前方,"还是直接说,不兜圈子?"

那位要做媒的朋友明白了我的意思,忙说:"直接说,直接说!都是老朋友了嘛,绕什么圈子?"

我转向吴永源,冲他说:"恕我冒昧,根据我的观察,你们两位应该称得上珠联璧合。中国有句话:愿天下有情人终成眷属。我可是很想讨杯二位的喜酒喝呀,不知你们意下如何?"

吴永源听我这么一说,开怀大笑,但不说话。

我装作很严肃的样子对吴永源说:"我可不是只听您笑的,我要听您一句痛快话,愿意不愿意?"

我没等吴永源接我的话,转过头问那位女士说:"您的意思呢?"

女士低下了头。

作陪的朋友忍不住说话了:"不讲话就是默认了!"

我顺势说:"那我以后就叫你吴太太了,可以吧?"

我的话音刚落,女士突然变得爽朗起来,"可以。"

我又问吴永源:"你买一栋房子有钱吗?"

吴永源说:"有。"

"你买一辆汽车的钱有吧?"

"有。"

我说:"你存钱不就是给太太买栋好房子、买辆好汽车吗?"

吴永源说:"我明天就去买。我们结婚的时候到北京度蜜月,到时候我们俩好好谢谢你。"

果然两人结婚后,吴永源带着太太去北京度蜜月。

在菲律宾和这些爱国华侨打交道,吴永源代表的是一种类型,还有一些华人华侨受台湾国民党的影响很深,特别是那些在台湾开了工厂办了企业的华人华侨,内心里很想和我们有所交往,但又担心如果和我们交往了,在台湾的生意受损怎么办?

我告诉这些华侨,生活在台湾的人也是中国人,同是炎黄子孙,搞"两个中国"绝对行不通,但是你们不妨继续做买卖谈生意。

有一次,菲律宾政府邀请我参观一个科研机构,这个科研机构里有台湾国民党方面派来的研究人员,他听说我要来,很想见见我,了解一下祖国大陆的情况。但是他又担心被我拒绝,使自己陷于尴尬的境地。

知道这个情况之后,我在参观时主动找他们谈话,我说:"大家都是中国人,是一家人,骨肉同胞,有什么话咱们都能谈。"

台湾同胞听我这么一说,主动邀请我参观他们的科研成果,临走还赠送给我样品。我把这些样品拿回国内,经过国内人的研究,认为极有价值。

台湾的渔船遇到风浪在菲律宾搁浅的事情时有发生,船上的人肯定生活有困难,我就派使馆的工作人员带上食品去慰问。

台湾同胞总听国民党方面说共产党怎么怎么不好,现在一接触,觉得好得很,逐渐地改变了原来的看法。

菲律宾那些亲国民党的上层华侨人士也慢慢地和我交往了，开始是请我出去到酒店吃饭，后来关系变得融洽了，就邀请我去家里做客，看一看，聊一聊。

我把与菲律宾政府特别是菲律宾上层人士与我们的交往放在最后来讲，作为"文化大革命"这一章的结尾，也是我在菲律宾工作情况的结尾，其中有两个意思：第一，我在菲律宾工作两年多，正是国内结束"文化大革命"，百废待兴之时。第二，当时菲律宾总统马科斯和夫人伊梅尔达对中国与菲律宾的关系倾注了相当大的热情，对中菲关系的发展有颇多的建树，作为老朋友，我说得多一些。

马科斯的夫人伊梅尔达极其热心地促进菲中文化交流，刚刚建交时，伊梅尔达找到我，要求在马尼拉举办中国文物展。

我认为这是好事情，但文物展览不同于其他展览，有其特殊性，仓促不得，特别是运输、安保等方面，需要精心准备。

我很快向国内汇报此事后，再见到伊梅尔达时，我向她做了解释："以往我国有关单位在国外举办文物方面的展览，多在一年之前就要开始筹备，夫人要求在三个月的时间内举办文物展览，有困难。"

伊梅尔达是有了想法就必须要实现的那种人，她说："只要贵国能提供金缕玉衣、马踏飞燕等几件珍品就行了。至于展览中所需要的其他文物，我从香港的市场上买，以供展览。"

我不好再直接拒绝，再次向国内报告，但国内没有批准我的报告。

我再次见到伊梅尔达，向她解释国内未获批准，时间还要推后。

伊梅尔达希望我别把话说死了，还是要我再次向国内报告。

我反复考虑之后，觉得文物展览如果真能像伊梅尔达所想的那样在短时间内举办的话，既可以在菲律宾宣传中国文化，促进中菲文化的交流，也是对广大菲律宾华人华侨思念祖国的一个慰藉。

我又一次给国内发电报，陈述个中原委，希望获得批准。这次国内回电终于同意了。

伊梅尔达不仅强烈地要求举办这次中国珍稀文物展，在具体实施方面，她也是非常认真。

柯华大使夫妇（右三、右一）与菲律宾总统马科斯的夫人伊梅尔达（左一）等商谈举办中国文物展的相关事宜

菲律宾方面把即将举办展览的菲律宾议会大厅装修一新。开展的前一天晚上，伊梅尔达约我一起再去展厅看看，检查一下有没有什么不妥之处，以便及时调整。

我和伊梅尔达到了展厅之后，展品自然不用多说，尽显中华民族古老文明之魅力，安保等各个方面也做得很充分。

看起来各方面都无可挑剔的时候，伊梅尔达忽然开始从大厅的各个角度整体上审视起来，我在她旁边问："夫人感到有什么不地方不妥吗？"

伊梅尔达也没说什么，只是看，过了一会儿，她说："大使阁下，您看我们这个蓝颜色的地毯是不是和贵国的展品，我是说从颜色上来讲，不太搭配啊？"

我站在伊梅尔达的这个角度审视了一遍展厅的整体效果，还真如伊梅尔达所说，颜色方面的确有些不搭调。

伊梅尔达立即让工作人员连夜把蓝色的地毯换掉。

第二天举办开幕式的时候，我进入展厅一看，果然地毯换过之后，效果更加出色了。中国珍稀文物展在伊梅尔达的力促下举办得非常成功。

自此之后，马科斯总统和夫人在我任职期间非常热衷于邀请国内各

柯华大使与菲律宾总统马科斯夫妇为中国文物展剪彩

类代表团访问菲律宾,举办各类与中国相关的展览。著名的有马科斯总统夫妇倡导举办的"我们近邻居——中国"彩色图片展览。这个展览在菲律宾的几个重要城市举行了巡回展,最大化地使菲律宾人民了解了中国。后来他们夫妇还广泛邀请国内文化界、体育界代表团来访。特别是三次邀请的杂技代表团,几乎走遍了菲律宾的每个城市,相当受欢迎,引起了轰动。至于说举办的中国经济展览,其影响力亦出乎意料,菲律宾人对中国的建设成就赞不绝口。

上述活动的举办使马科斯总统夫妇及菲律宾政府各方对中国的信任度大增。特别是马科斯总统夫妇在对中国的感情上,据我观察,也有着很鲜明的个性。

在宴会上,马科斯总统夫妇曾经对我说:"我们把中国当成了亲戚。"

伊梅尔达说:"我还有25%的中国血统。"

以此作为中国亲戚的明证,真是有意思。

马科斯总统夫妇到大使馆来做客,我宴请他们。伊梅尔达告诉我:"我们夫妇连美国大使馆都没有去过,只是专门来了中国使馆。"

其他国家的大使问我是怎么把马科斯总统夫妇请到使馆的?有什么

1977年6月17日，柯华大使夫妇与菲律宾总统马科斯夫妇在中国驻菲律宾使馆内合影

诀窍？我只能笑而不答。

有一次，我在使馆突然接到伊梅尔达的电话，说她非常想来中国大使馆做客，希望我请她吃中国菜。

我说："好呀！"

伊梅尔达说："是大使阁下给我发请柬，还是我自己给自己发个请柬？"

我说："我马上给您发请柬。"

请柬发出去以后，伊梅尔达很快就来了。

坐下之后，伊梅尔达说："总统也想来，可是您没有给他发请柬，他怕来了不方便。"

我说："我马上将请柬送给总统，请他来品尝中国厨师做的几样时新菜。"

马科斯总统接到我的请柬，欣然而至。

在安排菜单的时候，我把鱼翅、燕窝、鲍鱼等几个名贵的菜作为主菜，这是破例了，因为这些价格昂贵，国家规定大使馆宴请的时候不可以上。但因为我是宴请总统夫妇，所以也就灵活了一下，事先没有报告国内。

餐后，我电告国内，同时提出建议，是不是在东南亚国家关于大使馆宴请客人不可使用鱼翅、燕窝、鲍鱼的规定改一改，毕竟这几样菜在东南亚国家的宴席上是表示尊重对方的一种必需食材，如果我国驻东南亚国家的使馆宴请时不上的话，就显得不合适了。

国内接受了我的建议，很快外交部专门发出通知，允许驻东南亚国家的使馆在必要时灵活掌握，可以用鱼翅、燕窝、鲍鱼招待重要客人。

总体来讲，70年代末，菲律宾与我国的关系发展得非常不错。

依照外交惯例，大使们参加驻在国的国宴，座位秩序的排列应该是按照大使到任的先后作为标准。

在对待我们的时候，菲律宾却打破这种外交惯例，好多次举行国宴时，伊梅尔达都把我安排在与马科斯总统同桌的首席。

在舞会上，伊梅尔达也是每次都邀请我和她跳舞。

此类细节在菲律宾马尼拉的外交场合引起了不小的轰动。

更主要的是这一个时期中国和菲律宾的贸易增长势头相当大，1975年底建交，到1980年，中菲贸易额增长了五倍。我国向菲律宾出口了大量石油，还有小型发电机设备等。

过去在菲律宾只能吃美国苹果，价格贵，一般老百姓吃不起，毛栗子也是如此。中菲建交后，中国的苹果遍布菲律宾城乡，哪儿都有，还便宜。其实我们出口给菲律宾的苹果、毛栗子这些东西超出了一般国家之间的贸易意义，甚至起到了一种增进友谊的作用。

中菲之间的贸易在一个时期总是出现菲律宾方面的逆差，我国采取了积极友好的为菲方考虑的措施，实现了两国贸易的基本平衡，体现出中国对菲律宾的友好支持。

菲律宾方面呢？在我们遇到重大灾难，我这里指的是1976年夏天发生的唐山大地震，在第一时间，伊梅尔达就给我打来电话，除了说她

1977年11月14日，菲律宾《东方日报》对柯华大使夫妇访问西棉省荷杉弥市进行了报道，并配发了二人照片

本人和总统对中国唐山大地震深表同情之外，还坚决地提出愿意为我们提供帮助。但因为众所周知的政治原因，我们在当时不可能接受菲律宾方面的援助，只是这份情谊当长记于胸。

在我奉调回国，离任驻菲大使的时候，马科斯总统夫妇送给我两大箱子礼物，很重了。

当然，我在菲律宾不到三年的时间里，也多次给马科斯总统夫妇送过礼物。我送什么呢？很贵重的一件是当时故宫博物院复制的张择端的《清明上河图》。我知道菲律宾人爱吃桃子，我就送给总统夫妇，还有比如金橘和毛栗子。我在国外工作，送礼有个原则，不在礼品的价格高低，

1978年4月14日,菲律宾《东方日报》发表了题为《柯华任满内调 各界设宴欢送》的文章,并配发了照片

"菲华各界公谯柯华大使离任回国"现场

而在于一定要考虑到"尊重"与"亲切"这两个方面。

我离任之时,最使我难以忘怀的是菲律宾华人华侨界140个团体联合为我举行的有1400多人参加的盛大饯行宴会。

场面感人,华人华侨界的老朋友们的话令我动容。

我发表了即兴讲话,30多年过去了,内容我还记得:"对于大家对我在菲律宾两年多的过高评价,我深感不安。我根据已故毛泽东主席、周恩来总理的思想和教育来到菲律宾,只是为中菲大花园友谊花朵的盛开浇了一点水，施了一点肥；为建筑中菲团结大厦跟大家一道搬过几块砖。我不过是一个普通的勤务员，做了微小的事而已。离别前夕，扪心自问，尚感不安，今后无论在什么地方，我都不会忘记菲律宾的朋友、亲戚和侨胞。"

离任之后的 1988 年、1990 年、1992 年，我在菲律宾结识的那些朋友邀请我和夫人去"走亲戚"，剪烛夜话共述别情，每一次我都感受到了菲律宾华人华侨们浓得化不开的乡情。

1978 年，当我再次奉调出国，赴任中国驻英国大使的时候，10 年"文化大革命"的阴霾已经过去，一个开放的中国正向世界敞开胸怀。来到伦敦时，我已过了花甲之年，40 余年的外交工作将在英国画上句号。

新中国外交耆宿柯华95岁述怀

在英国
及后来

1978 年—

· 30 ·

说起来英国是在我们的国民中知名度最高的西方国家之一。算起来我们中国和英国打交道有100多年了，两个国家之间有着太多错综复杂的交往，战争、和平、仇视、盟友，一言难尽。

在这一章的开始，我非常有必要简单地回顾一下我国和英国的过往关系。当然，我的这种回顾不成系统，不是历史教科书，只是较为纯粹的私人回顾而已，里面包含着我们这一代人对英国直接、间接的认识，也许主观因素会多一些。

英国和我们最早、最著名的交往是从战争开始的，就是大家非常熟悉的鸦片战争，打了两年，以我们的失败而终战。

这场战争，我们用20万军队和英国19000人组成的部队打，我们伤亡了22790余人，英国呢？伤亡了523人，其中阵亡的有69人，这些数字让我们感到震惊，悬殊太大了！

我们这一战败，和英国政府搞了一个永留史册的《南京条约》，为什么说是"永留史册"呢？因为这是中国第一次和西方国家签订的第一个不平等条约，毫无光彩可言，也是我们这个有着悠久而光辉历史的国家沦落到半殖民地国家的标志。

当年我这一代人参加革命，抗日，寻求民族独立与解放，从更深的层面来讲，这是100多年前就注定了。

过了没几年，我们和英国又打了第二仗，历史教科书上把这一仗称为"第二次鸦片战争"。我们同样败给英国，签订了不平等的《北京条约》。

《北京条约》因为有俄国人跑来调停，掠去我们100多万平方公里的土地，丧权辱国到了登峰造极的地步，堪称五千年未有之大劫难啊！

北京圆明园也让人家给烧了，残骸现在还在，可以去参观。我看报纸上说现在有人要重修圆明园，我不赞同，修什么？为了旅游经济就要修复？保持原貌地放在那里多好呀，对我们的民族是一种警示。

割地、赔款、划租界，中华民族在英国人面前几近失去了所有的尊严。

英国在很长一个时期，特别是19世纪下半叶，几乎成为了带给我们中华民族苦难与屈辱的西方列强的领头人。后来情况有些变化，特别是第二次世界大战时期，英国和我们是盟国，一起与日本法西斯作战。

第二次世界大战之后，特别是我们的解放战争进行到后期，英国政府对国民党政府统治地位的稳定性有了一个较为清醒的认识。当然，这种清醒的认识是建立在它自己的利益上的，特别是香港。英国在香港的利益有目共睹，它必须考虑这一点。

中华人民共和国成立之后一个多月，英国政府承认"共产党政府为中国的合法政府"。1949年11月1日，英国政府向各国发出承认新中国的备忘录，指出中国国民党除代表其统治集团外，再也不代表任何东西，共产党的中华人民共和国是唯一能代替国民党当局的政府。

英国政府承认中华人民共和国是好事，但它毕竟和美国的关系不一般，是亲密盟友，许多对华政策还要考虑到美国。比如说中华人民共和国在联合国合法席位的问题上，英国跟着美国走，它一直承认台湾国民党当局在联合国的合法性。因此，英国和我们的建交谈判始终在一个时期内不顺畅。

虽然英国在1949年11月1日承认了中华人民共和国，到1950年1月6日，英国首相贝文致电周恩来总理，正式承认中华人民共和国，并指定胡介森为驻中国临时代办，负责与中国建立外交关系的谈判。但是周总理给贝文首相复电时只讲了一个原则，中国愿意在平等互利和相互尊重领土主权完整的基础上与英国建立外交关系。

1955年1月，周总理在接见英国驻中国代办杜威廉的时候讲过一段话，意思是中国政府一直都在致力于搞好中英关系，两国制度不同，对问题的看法不同，但这些不妨碍两国的和平共处及友好合作。

1960年，英军第二次世界大战时期的名将蒙哥马利元帅向毛主席提出想访问中国。

蒙哥马利元帅对中国有自己看法，他在回忆录中有这样一段话："在远东，倘各国恐惧外来侵略的话，那是中国而非俄国，我们必须这样看待问题，并据此推行健全而一贯的政策。"

这段话有不友好的意思在里面，但毛主席对蒙哥马利要求访问中国的事情立即做出答复——欢迎来访。

1960年晚春，蒙哥马利来到中国，和毛主席、刘少奇主席、周恩来、陈毅等中央领导进行了会晤。

第二年，毛主席在武汉的时候，蒙哥马利又一次来访，在武汉东湖和毛主席进行了内容广泛的长时间的交谈。

蒙哥马利回到英国后做了一个主要的工作就是大力促进中英两国友好关系的发展，他是个在英国有相当影响力的人物，他这么做，无疑非常有助于英国各界人士对中国的了解。

众所周知，中英关系发展到"文化大革命"时期遇到了一个影响恶劣的事件"火烧英国代办处"。

本来"火烧英国代办处"这个事件，我是要放在"文化大革命"那一章详细地讲一下，现在详加叙述，我是想更进一步说明"文化大革命"中"左"倾错误对新中国外交工作的影响，也是在回顾我们与英国关系发展的曲折性。

"火烧英国代办处"发生在1967年8月，这期间的背景，我在上一章"文化大革命"中已谈过，在此仅谈一下过程，亦是颇有回味之处。

从1967年4月下旬开始，因国内"文化大革命"风暴的骤起，又恰逢5月6日香港新浦岗人造塑料花厂发生劳资纠纷，港英当局处置得有些过度，派了警察，打了人，还拘捕了21人，后来连着两天逮捕了一些示威的群众。

15日，我国政府向英国政府提出强烈抗议。外交部在抗议声明中说："这次血腥暴行，是英国政府勾结美帝反对中国的阴谋的一部分，妄图以高压手段抵制我国无产阶级"文化大革命"的伟大影响。"要求英国政府和港英当局必须立即无条件地接受中国政府的要求，立即接受中国工人和居民的全部正当要求，立即停止一切法西斯措施，立即释放全体被捕人员，惩办凶手，赔偿损失，保证不再发生类似事件。

几天之后，香港发生了"左派"行动，导致九龙暴乱。

16日至18日，我们在北京举行了10万人集会，声讨港英暴行，通过了一项决议，主要内容包括三点：

第一，美国必须停止以香港作为军事基地。

第二，香港国民党特务迫害亲共人士的罪行决不能宽恕。

第三，传播毛泽东思想的工作决不能受到干扰。

英国政府对我们外交部的抗议置之不理。

到了5月下旬，香港再次发生大规模游行，港英警察开枪打死了一名工人，并有几十人被捕。

在这个节骨眼上，我们这方面出现了一个情况，6月3日的《人民日报》发表了社论，号召香港爱国人士组织起来，准备伟大祖国一旦号召，粉碎英帝国主义的反动统治。

我觉得这个社论过分了，潜台词说得很明白，就是要采取行动，解放香港。

然后新华社、《人民日报》在报道中有意夸大，说英国警察打死了200还是300工人，标题也是触目惊心的"血腥大屠杀"。

周总理看到后，专门召集国务院外事办公室、外交部的人商谈香港问题，强调同港英当局的斗争要严格遵循中央的有关方针政策，坚持有理、有利、有节，对一些部门在香港问题上提出的那些"左"的口号，包括"左"的做法，特别是对"要打死几个警察，以收杀一儆百之效"的说法，周总理严肃地给予批评。针对新华社报道的说港英政府杀了二三百人，周总理曾严肃地指示新华社要认真进行核查，最后报上来的真实数字是一个人。

周总理非常生气地说："这是严重失实，使我们在政治上很被动，发这么大的消息报道，为什么事先不向我请示？你们越搞越大的目的是什么？"

但周总理在这个时期对香港问题所采取的措施很难真正贯彻下去。

1967年8月20日，外交部给英国代办处发了一个照会，大致内容是：最强烈抗议港英疯狂迫害香港爱国新闻事业，港英当局必须在48小时内撤销对香港《夜报》、《田丰报》、《新午报》的停刊令，无罪释放19名香港爱国新闻工作者和三家报纸的34名工作人员。

这边外交部发照会，那边由谢富治主持在工人体育场举行万人声援声讨大会，还有"反帝反修联络站"在英国代办处门前召开声讨港英政府的大会，周总理紧急召见"反帝反修联络站"的负责人，劝说他们不要这样做，他们和周总理争执到深夜，在他们保证不进入英国驻中国代办处之后，周总理才离开。

8月22日晚，大批的造反派根本不顾警卫部队的劝阻，冲进了英国代办处，放起大火，把办公楼还有汽车烧了，揪斗了英国驻华临时代办唐纳德·霍布森，把英国女王像扔到地上……

23日凌晨，周总理紧急召见这些造反派，怒喝他们目无中央，是无政府主义。

事情过去四年之后的1971年2月，中国外交部出资为英国代办处修复房屋工程竣工。英国代办处为此举行了招待会，中方出席的人员在这样一个场合既没有说明火烧英国代办处的情况，也不没有表示庆贺修复之意。

周总理知道后，批评外交部的领导说："火烧英国代办处是当时一小撮坏人干的，中国的党和政府都不赞成。对这件事应该公开向英方做出解释，当着其他外国大使的面也可以讲嘛。外交部给英国代办处修房子这个事情是我批的，现在房子修好了，你们也不报告我。"

半个多月后的3月2日，周总理在人民大会堂接见英国新任驻华代办谭森时，直言不讳地向他讲了这件事：英国代办处的房子是坏人烧的，中国政府是反对这种做法的。那天晚上，以我为首的几个人联名广播劝包围英国代办处的人不要冲、烧，但是那些坏人不听，你们的代办后来由解放军保护起来了。我们祝贺你们迁回新居，修复费用应由中国方面负担。

火烧英国代办处一事得到妥善解决。

从1954年到60年代末期，中英双方始终是代办关系，没有更进一步的发展。由于英国在台湾问题上一直追随美国立场，坚持"台湾地位未定论"，致使中英关系发展缓慢。当然，这期间我们在工作中也存在一些"左"的思想做法。进入70年代，由于中国国际地位提高，中美关系改善，英国对改进中英关系态度积极。

1971年1月15日，英国外交部政务次官罗伊尔向中方提出，英国准备将其在北京的外交代表提高到大使级，并且建议双方就此讨论。

3月2日，周总理接见英国代办谭森时提出了解决中英全面建交的三点要求：

第一，撤销英国在台湾淡水设立的领事馆。

第二，英国在联合国大会上必须改变两面手法，完全支持恢复中华人民共和国在联合国的地位。

第三，澄清英国所鼓吹的"台湾地位未定"的谬论及制造"两个中国"和"一中一台"的任何谬论。

周总理提出的上述三点要求是我们和英国建立大使级外交关系的底线，双方谈了一年，很艰难，直到1972年3月，英国最终同意割掉"台湾地位未定论"的尾巴，双方才达成一致，两国建立了大使级外交关系。

英国女王伊丽莎白二世派典礼官理查士（右一）接柯华大使（左一）坐专备马车去白金汉宫递交国书

此番与英国建立大使级外交关系的谈判是新中国与西方国家建交谈判历时最长的一次。

1978年9月，我抵达伦敦，国内正在展开"实践是检验真理的唯一标准"的大讨论，也恰逢十一届三中全会即将召开，正是春潮涌动之时，中国即将敞开胸襟，走上改革开放之路。我深信我们和英国这个老牌资本主义国家的关系也将进入一个新的历史时期。

我在当时有一个认识，尽管从历史的纵向来看，中国半封建半殖民地社会的肇始是英国发动的鸦片战争所促成，但我们这一代人深受其害，所能感受到的最直接的威胁与仇恨是来自近邻——日本军国主义的侵略。既然我们能对日本既往不咎，发展友谊，那么我们同英国的关系在今后也许会出现障碍，但并不是不可以逾越的。

我到英国之后，英国女王伊莉莎白二世派皇家典礼官理查士接我坐马车去白金汉宫递交国书，宝马雕鞍，马车装饰得富丽堂皇，我还在上

柯华大使（右一）与英国女王伊丽莎白二世（左一）亲切交谈

马车之前拍了一张照片。

我坐在马车上，从伯特兰德大街中国使馆前往白金汉宫的路上，不由得有了些许感慨。

我想起中国和英国打交道，第一个到英国做大使的郭嵩焘。

在19世纪下半叶的中国外交界，郭嵩焘是一个了不起的人物，他在前往英国出任公使的途中写了一本书——《使西纪程》，对西方的民主政治制度倾慕艳羡有加，呼吁中国学习、研究西方的民主制度。郭嵩焘把这本书写好寄回国内，立即遭到一批人的鄙视，甚至对他进行谩骂。直到他去世，《使西纪程》都未获出版，可见当时国内政治保守势力之强大。

郭嵩焘到英国出任第一任大使有个很重要的任务，什么任务呢？就是谢罪，代表中国政府向英国政府赔礼道歉。原因是英军上校柏朗组织了一个不到200人的考察团去云南进行经济贸易方面的调查，他们从缅甸进入中国，英国驻华公使威妥玛，就是那个发明威妥玛汉语注音的汉学家，他知会总理衙门，让翻译官马嘉里去迎候柏朗。

马嘉里和柏朗在中缅边界会合后，总理衙门方面劝说他们还是不要前往了，边境地区不安全，但他们执意前往。没办法，总理衙门只能要求沿途各省督抚关照。

一番游历之后，回来的时候，马嘉里却没有向中国政府告知他们的返程时间及所要走的那条路。到了云南腾越地区的曼允，当地人劝说让他们不要再往前走了，让他们回去。马嘉里一行不听劝阻，反而说要进攻腾越城。

双方争执起来，马嘉里这些人开枪打死了好几个老百姓。

腾越参将李珍国见到这种情况，加之当地乡绅的一再请求，于是布置兵勇，在各个要塞对马嘉里他们进行堵截。

几天之后，马嘉里一行在宋河遭到袭击，马嘉里等五人被杀死。这么一来，他们也就不敢在云南边境地区继续游历了，退回到缅甸的新街。

马嘉里被杀之后，英国政府指责清政府在幕后指使，开出了三大条件，方才平息此事。

一、将云贵总督岑毓英押到北京来受审。

二、撤回英国驻中国公使，与中国绝交，并用兵。

三、减免税厘，增开通商口岸，主要是开放云南边界贸易。

中国政府派李鸿章为代表与其几番谈判，和威妥玛签订了中英《烟台条约》之后，中国政府派郭嵩焘赴英国道歉，并任驻英国公使。

郭嵩焘开了中国外交史上派出长期代表之端。

可以想见士大夫郭嵩焘去英国赔礼道歉，内心之屈辱实在无以言表。然而国弱民贫，面对强权，个人荣辱只是大海中的一叶扁舟，随时都会倾覆，郭嵩焘身后的祖国还在继续着被西方列强欺辱的道路上喁喁前行，愚妄之气甚盛。

而现在我伴随着清脆的马蹄声，在英国皇家典礼官的陪同下前往白金汉宫递交国书时候，我身后不仅仅是一个早已经站起来的新中国，还是一个结束了十年"文化大革命"，正以前所未有的开阔胸襟拥抱整个世界的中国。

回述我出任中国驻英国大使的五年，有三方面很有必要详细地讲一下。

第一，谈我对英国的认识，也就是说谈我对资本主义的认识。这里面有许多故事，很值得回味，当然也有一些理论方面的问题，当时我在思索，今后我还会继续思索下去。

第二，谈香港问题，我在中英两国关于解决香港问题时所参与的一些事情。

第三，谈一谈改革开放之初，我国和英国进行一些重大经贸项目引进时存在的问题。

先讲在英国时，我的所见所闻所引起的我对这个老牌资本主义国家的思索。我在英国之所以会产生一些对资本主义社会的思索，不是凭空而来，主要还是我看到并且经历了一些事情之后所引发的，正是日有所见，夜有所思。

我去英国搭乘的是中国民航的飞机。上了飞机之后，事情就来了，我看到经济舱后面居然加了两排座位，这怎么能行呢？万一飞机出现情况，坐在加座上的乘客不就没有氧气面罩了吗？飞机起飞后，舱门口又放了一大堆行李，如果遇到紧急情况，舱门怎么打开？我觉得当时我们的民航部门安全意识太差了，搞航空运输业，如果连最基本的安全意识都没有的话，一旦出事，恐怕就是大事了。

飞机在继续航行，我旁边坐着塞拉勒窝内（塞拉利昂）共和国总统，他有好几次冲我摇头苦笑，摊开手，耸耸肩膀。开始几次，我还没有意识到什么，过了几个小时之后，我理解了。他的意思是中国民航的飞机怎么能在长途飞行中没有配餐呢？一直到飞机降落，飞行了18个小时，也没有见给乘客送餐。

塞拉勒窝内总统发出苦笑，表示无奈。其他的乘客，当然也包括我，同样有意见。

飞机一落地，我就考虑怎么把这种情况告诉国内。

我起草了一份电报，重点讲加座、在舱门处堆放行李和不送餐三个方面，希望中国民航尽快改进。

电报发回国内之后，呈送到邓小平同志那里，小平同志看了，当下做出批示，严肃查处。

国务院指定一位副秘书长负责查清情况。这位副秘书长找了机组人员，也询问了搭乘该航班的一些旅客。

过了不久，我收到民航总局发来的电报，说我反映的经济舱加座和舱门口堆放行李的问题有，决定坚决改正，把加座去了。电报中也提出了异议。我反映的情况是飞行了18个小时不给乘客送餐，他们说只是在白天飞行了13个小时。

到底是18个小时还是13个小时，有必要争论吗？白天什么意思？白天乘客就不吃饭了吗？飞机从北京起飞是晚上，由于时差，飞了没多长时间，天就亮了，飞行18个小时或者13个小时不送餐，这本身就不应该，是民航的服务意识太差了。我给国内回电报，就算是13个小时，但这是白天，也应该让乘客吃上饭，要改进嘛。

我先后给国内的这两封电报无外乎是想让我们的民航改进服务工作，能在国内外乘客中树立良好形象，用安全飞行和优质服务使更多的人搭乘中国民航的飞机，提高中国民航的经济效益而已。

我甫抵英国，伦敦这个城市的环境大大出乎我的意料。世界上著名的雾都是哪里？英国大文豪狄更斯出版于1838年的写实主义大作《雾都孤儿》的地理背景是哪里？当然是伦敦。

伦敦以雾而闻名世界。伦敦之雾可不是一般意义上的，不仅仅是因为大气逆温层造成城市处于高气压中心位置而产生的大雾。众所周知，伦敦始终是资本主义国家工业化程度最高的国家。在整个300余年的西方工业化进程中，伦敦的地位至关重要，不仅仅对英国而言，对整个西方资本主义国家而言，没有伦敦，将是无法想象的事情。但正是在工业化进程中，人们对自然环境的破坏也达到了世人无法预见的超巨大程度。

1952年12月5日至9日，伦敦大雾，遮天蔽日，12000人因这次大雾而失去了生命。一场大雾何以致命呢？从12月5日开始，逆温层笼罩伦敦，垂直和水平方向的空气流动停止了，这时恰好是伦敦的冬季，市区内分布众多的以煤为燃料的火力发电厂所产生的二氧化碳、一氧化碳、二氧化硫、粉尘和其他污染物在伦敦上空蓄积，连续五天，大雾弥漫，所有航班被迫取消，白天开车也要开大灯。当时伦敦正在举办一个有关牛的展会，参展的牛最先感到不适，350 头牛中有 52 头严重中毒，14 头奄奄一息，一头当场死亡。接下来，伦敦市民开始出现呼吸不畅、眼睛刺痛、哮喘、咳嗽等症状，进而死亡陡增。

这是一次特大的伦敦大雾致死人事件，但这种事件不是前所未有，最早记载出现在狄更斯出版《雾都孤儿》的前一年，即 1837 年 2 月，伦敦毒雾至少造成 200 人死亡。

伦敦的雾是典型的环境污染、环境灾害。1952 年的大雾，伦敦人用生命的代价直接促成了 1956 年英国《洁净空气法案》顺利通过，自此伦敦再未遭遇过毒雾的侵袭。

又是 10 多年过去了，我走下飞机，看到的是伦敦碧蓝如洗的天空，白云朵朵，说泰晤士河碧波荡漾亦不为过，足见英国治理工业污染的水平，资本主义国家在面对环境灾害时的自身修复改进能力令我感到震惊。

30 多年来，我国的环境污染问题日益严重，虽然没有发展到一次性死亡上万人的程度，但其危害亦不容小觑，借鉴一些英国的成功经验，特别是从制度上，从法律的层面来加强对环境的保护，当是多有补益。

除了环境之外，我对英国这个老牌资本主义社会的了解也逐渐地多起来。

开诚布公地说，我观察英国社会的眼光是站在马克思主义的角度来看、来思索，今天也依然如此。

我从不到 20 岁开始接触马克思主义，到我去英国，40 年了，让我换一种目光来看待英国社会，对我来说办不到了，我不可能改变对马克思主义的信仰。但到底是站在怎样的一个马克思主义角度来看待、观察英国社会却存在着困难，是守着书本逐条对照，教条地看待英国呢？还是通过具体客观的调查研究得出结论呢？固守教条有好处，不容易犯错误，反正书上就是那么讲的。通过调查研究得出结论就有些冒险了，它和我们的书本相左了怎么办？

下面谈问题我分两个层面，一个层面我讲一下当时某些英国人包括左派人士对我们的看法；再一个层面说一些看起来琐碎的事情，这些琐碎小事都是引起我对英国资本主义社会进行思索的原因，很有必要谈；最后我再着重讲讲我的结论。

当然，我对资本主义社会的结论和书本上是相左的。

如果说我在国内遇到了还保守着"左"的思想的人的话，那么我不觉得奇怪，但到了英国，一些英国朋友居然也存在这种"左"的思想，让我感到"左"、"教条主义"的毒雾已走出国门，在国外还颇有市场。

我先谈谈和英国著名记者、作家马科斯韦尔的交往。

马科斯韦尔是个左派，我请他到大使馆来做客，向他谈极左思想给中国造成的灾害。我说了五个小时，但马科斯韦尔听不进去。我说"文化大革命"不好，给我们造成了哪些方面的破坏。马科斯韦尔就说"文化大革命"有多好，是世界革命的组成部分，道理也是一套一套的。眼看着我根本就说服不了他，没办法，我拉他到大使馆的花园去散步。

在我来伦敦之前，花园里种满了大白菜。我来伦敦之后，花园里改种了玫瑰花。

看到这些玫瑰花，我就问马科斯韦尔："你说过去他们在花园里种大白菜算不算是革命行动呢？"

马科斯韦尔说："当然是革命行动了。"

我又问马科斯韦尔："你说是这些玫瑰花漂亮呢？还是大白菜漂亮？"

马科斯韦尔笑了笑说："当然是玫瑰花漂亮了。"

我告诉马科斯韦尔一个事实："使馆需要搞很多接待活动，需要大量的玫瑰花。种大白菜的时候，大使馆只能去街上买玫瑰花。算算账，是玫瑰花贵？还是大白菜贵？当然是玫瑰花贵了，贵了好几倍。可过去就是因为'左'，要做出革命的样子，把玫瑰花铲掉，种大白菜，得不偿失嘛！"

马科斯韦尔听完我讲的玫瑰花和大白菜的关系之后，答应我要好好清理清理自己的思想。

还有当时英国的一些左派不理解我们把江青抓起来这件事。

我坐车外出，就碰到过被人拦住车，敲着车窗玻璃，大声喝问我："你们为什么反对江青？"

再有我到外地去参加英国保守党的年会，正开着会，保安跑过来告诉我说，外面有人集会，让我和南非还有以色列的大使赶快走，这些人要打击我们。

我想打击什么？我不同意和南非、以色列的大使一起走。

保安想了想，给我一个人单独安排路线走。他告诉我，这些集会的人主要是反对当时我们对江青的处理及我们否定"文化大革命"。

特别是对江青的处理，英国好些人很关注，也不理解。

怡和洋行的董事长凯瑟克请我吃饭，席间，他针对江青的问题向我发问。

我笑而不答，凯瑟克就去问和我一起来赴宴的其他八位同志。这八位同志里有四位说应该把江青枪毙了，另外四位同志说要判江青无期徒刑。

凯瑟克又转过头问我，我说："阁下都看到了，有两种意见，而且持两种意见的人数相同，说明什么问题呢？说明这不是一个简单的问题，需要认真考虑、认真讨论，我相信我们的党中央会正确处理这个问题。"

下面我来说第二个层面，都是一些琐碎事情。

英国的整个社会都很文明，其文明体现在各个方面，我分头讲。

表层的，比如说我到外地去旅行，把车停在路边休息，就会有路过的车停下来问我是不是车坏了？需要帮助吗？很关心他人。

大使馆的几个同志开车外出，被迎面过来的车撞了，车上有人受了伤，路边的英国居民也不认识，都跑过来帮忙，端来热咖啡，拿来毛毯，打电话联系医院。而肇事的司机呢？他也不推诿责任，一个劲地道歉，不和你争执谁对谁错，而是静候警察来处理。救护车来了之后，把伤者抬上去往医院赶，路上做简单的护理。到了医院，大夫、护士都在门口等着，抢救的效率很高。

就是说人与人之间相处的文明程度很高。

我们中国原本也是礼仪之邦，但经过"文化大革命"，把很多事情都搞糟了，人们好像只剩下对社会风气的抱怨了，遇到事情就不文明了。有一次，我在北京看到一个人骑着自行车横穿马路，正巧一辆公交车开过来，司机赶紧刹车，幸亏没有碰上。但那个骑自行车的人却不走了，下了车，站在马路中间骂公交车司机，公交车司机也回骂他，两个人你骂一句，我骂一句，周围的行人也跑过来看热闹，不一会儿把交通堵塞了。我正在散步，看到这一幕的时候，突然有个年轻人骑着自行车迎面过来，与我擦身而过，我下意识地向骑车的年轻人说："对不起，对不起。"我一说"对不起"，这位年轻人停下来，把眼睛也睁大了，看着我，他不明白我为什么会说"对不起"。

我感觉我们的年轻人还是缺乏文明的教育。

说到教育，表面上看我们重视得很，尤其是改革开放之后，城市里学校的硬件不是赶上国际水平，而是超越，超越到了不可想象的地步，但教育的核心理念却一直都缺憾着。我到英国伊顿公学去参观，这个学校不简单，英国有20多个首相都出自这个学校，皇室子弟也在这里读书，是一所标准的贵族学校。但就是这样一个贵族学校，教室里的桌椅板凳都是用粗糙的原木所制，学生宿舍也极尽简单，一张木制单人床而已。到了冬天，伦敦的天气很冷，学校不供暖气，也没有热水，来这里上学的孩子都是一些贵族子弟，学校却严令不许家长开汽车接送孩子。

尽管伊顿公学的硬件堪称简陋，毫无物质条件可言，但所有的英国人都希望把孩子送到伊顿公学来接受教育，为什么呢？大家都知道伊顿公学之所以如此，完全是为培养孩子坚韧不拔的精神。这就是英国的教育文明。

再就是我要说一下英国社会中存在的政治文明，它所表现出来的还是一些细节。我参加过好多次英国女王伊莉莎白二世的宴会，她吃饭时每次都是自己动手从侍者端来的盘子里拨菜，够了就行，从不多拨。最后她拿面包把盘子里剩下的菜汁一抹吃掉，绝不浪费，这和我们一些领导的铺张浪费实在是不可同日而语。

英国外交部次官离任时举行招待会，只是招待大家喝一杯冷饮而已。

撒切尔夫人买了一辆汽车，不得了了，是大事情，议会提出质问，追查到最后，的确是她花自己的钱购买的，才算了事。

议会不仅质问撒切尔夫人的汽车问题，还质问她的丈夫是不是用了首相官邸的信笺，查清楚没有用，才算了事。

撒切尔夫人只是在出访时有专机。女王压根儿不坐专机，只坐头等舱。女王或者首相出行，也不封路，顶多给留一条车道而已。

这一切对我来说有相当的冲击力，我不得不去思索，也不得不去重新认识一下资本主义社会。

后来王震同志来英国访问，我陪着他到处走一走。

有一天，我俩到一个失业工人的家里做客，注意，这是一个失业的工人。他住着100多平米的房子，上、下两层，有餐厅、客厅，有沙发、电视，柜子里还放着精美的银具，房子后面是50多平方米的小花园。

我就问王震："这个房子怎么样？"

王震说："好呀！"

我又问他："你说他们家住的这个情况，家里的情况，比起你怎么样呀？"

王震说："他住的最少和我差不多。"

拜访了失业工人的家，我们又去了英国的农村。

我们访问的这位农民，自家住着很大的别墅，别墅旁边还有一个小别墅，我一问才知道，是为这位农民在农忙时节雇佣的人而准备的。

这位农民很热情，说是中国的副总理和大使来做客，要好好地招待一番，上了几十道菜，把很长的西餐桌摆得满满的。

我一边吃饭，一边指着丰盛的菜肴问王震："你请我吃得起吗？"

王震说："我当然请不起你吃这个了。"接着他感慨地说："小平同志谈改革，说叫我们出来看看，真的是应该出来看看呀！英国这个样子，农村中农民的样子，城市中工人的样子，如果都换成共产党的领导，那不就是社会主义吗？是共产主义了。我们现在实际上是要发展资本主义，不要说发展到美国的水平，发展到英国、法国的水平就很不错了。"

我也向王震谈了我来英国之后对英国的看法，说到英国的医疗和社会福利体系的完善。

我告诉王震:"我儿子生病,住到医院里,所有的医疗、饮食,包括牛奶、水果等全部免费。还请英文老师教我儿子学英文,学费由医院出。在英国,每年的"圣诞节"、"复活节"、"元旦"这三个节日,全国人民享受免费打国际长途的待遇。

英国的医疗福利待遇不仅仅是针对本国人,对外国人也一样,我儿子即为一例。但这么做,政府也要承担一些后果,因为医疗福利待遇太好了,欧洲其他一些国家的人生病后也跑到英国来看病。

看来我们真应该重新认识一下资本主义了。

在英国看到的这些情况催生了我对英国社会的思索,之后我便让大使馆研究室有目的地在英国展开一些社会调查。

20世纪70年代末,王震副总理访问英国时,柯华大使(右二)与王震副总理(左二)、中国银行伦敦分行张行长(左一)等合影

柯华大使夫妇与英国首相撒切尔夫人（中）及"世界船王"包玉刚（右一）和女儿（左一）合影

我对大使馆研究室即将展开的社会调查有个要求，我告诉他们："调查工作的核心，关键之所在是尊重事实。以客观事实为唯一标准，然后再去分析。大家一定要讲真话。'文化大革命'以后，讲真话不容易了，大家都喜欢自觉不自觉地讲假话。如果谁觉得讲真话太难了，那就最少要做到不说假话，甚至不说话。"

以前我们大使馆对驻在国的研究侧重于政治（党）派系之间的此消彼长，以此预测政治局势的趋向。现在我个人认为仅此还不够，要对驻在国的社会结构、民众生活状况等进行全面的分析，才有可能为国内提供比较全面、丰富的资料，成为国家决策中的参考。

除了在英国的所见所闻引发我对资本主义社会发展的思索之外，还有一个很重要的原因，促使我主持这次较为全面的关于英国社会的调查。

当时我们党已将工作中心转向经济建设，改革开放的方向业已确定。恰在此时，撒切尔夫人于1979年5月当选英国首相。她上台之后，也在进行强有力的改革，当然，这个改革主要还是经济方面的。通过调查研究，近距离地观察撒切尔夫人的改革，对我们国家的改革是不无裨益的。

我到英国之后，看到了英国社会先进、文明、进步的一面，但它所存在的问题依然不少，当时英国有个外号，叫"欧洲病夫"。撒切尔夫人当选首相执政之后，她给"欧洲病夫"开了几味重药，主要是针对经济改革，时间已经过去30年多年了，我印象颇深的有下面四条：

第一，在货币政策方面，撒切尔夫人奉行的是以弗里德曼为首的芝加哥学派的货币主义政策。简单地讲，就是紧缩公共开支，控制货币供应量，大幅度提高利率，抑制通货膨胀。撒切尔夫人推行这个政策后，效果很不错，通货膨胀率从高峰期的21.9%下降到了2.4%。

第二，国有企业私有化政策。撒切尔夫人将国有企业私有化有她的道理，在英国，凡是国有企业都不怎么样。比如说英国国有的航空公司，各方面都不行，没人乘坐。撒切尔夫人把国有企业的股份大量出售给了个人，政府鼓励私人资本进入原属国家投资经营的禁区。同时把原来属于地方政府的公房大量出售给私人，这一招让英国当时拥有私房的家庭数目提高了不少，具体数据我忘了。取消物价管制委员会，缩小国家企业局的权力，废除了180多项限制经济活动的规定，特别是废除了实施40年之久的外汇管制条例，英镑汇率自由浮动，最大限度地发挥了市场和竞争的调节作用。1979年，英国只对航空与航天工业、造船工业做出了非国有化的明确保证，还出售了国家货运公司的股票。后来，在我离任之时，英国准备私有化的企业名单中增加了英国电讯公司、英国航空公司、罗尔斯·罗埃及汽车公司、英国部分钢铁厂、英国莱兰汽车公司、飞机场，进而煤气、水、电等其他公用事业也施行了私有化。后来我看到一个数据，撒切尔夫人离职的时候，英国工业中国有企业减少了60%，1/4的人拥有了这些大型企业的股份。

第三，限制工会，抛弃了过去政府与工会之间惯用的方法：协商、谈判、妥协，撒切尔夫人改用铁腕手段，瓦解了工会垄断劳动力独大的局面。

改革税制，降低税率，扩大公共产品提供领域的市场经济成分。

从总体上看，撒切尔夫人的改革对当时的英国经济起到了积极的作用。20 世纪 80 年代，英国的经济发展速度在西方国家中始终名列前茅，有着相当的活力。

在撒切尔夫人这样一个经济改革的背景下，我们大使馆对英国社会的调查就有了纵向的深远的意义。

但当时大使馆参与调查的同志都是刚刚从"文化大革命"的阴影中走出来，思想上并不是一下子就能有多么大的解放，特别是对马克思主义政治经济学的教条，面对英国社会经济活动的勃勃生机，显得茫然，也在情理之中。尽管看到了这一切，但不敢将客观现实反映出来，生怕与典籍相左。

我理解同志们的这种心态，也知道客观的认识必须有一个过程，所以我主持召开党委会，告诉大家，在做调查的时候，既要坚持马克思主义的根本立场，又要实事求是地面对当前资本主义国家发展的现实性。只有在尊重客观现实的前提下，我们才能为中央的决策提供真实的参考，为国内描绘出一个真实的资本主义社会，我们的工作也才有意义。

说句老实话，如果我不是到英国做大使，我认识的资本主义是什么？是书本上的资本主义，是百十年前的资本主义。

通过调查，我们得到了一大批较为客观的数据，比如说英国社会财富占有的比例，10% 的大资本家拥有社会财富的 61%，其中最富有的占到 1%，拥有社会财富的 24%，说这些人富可敌国亦不为过。有一次，我被一个富翁邀请去他家，这个家有多大呢？他们的庄园在自己家的森林旁边，森林里有狩猎区，我喜欢打猎，还打了两头鹿。我还去过一个人家，他们家的院子里有瀑布，有湖，可以坐船游览。我听说有个老太太很富有，但生活过得颇为孤独，她就每天晚上请两个姑娘陪她一起聊天，讲故事，她要向每个人每晚支付 1000 英镑。

占人口 70% 的人是工人、职员、知识分子、小资产阶级，这批人拥有的社会财富是多少呢？30%。这些人的住房问题解决了，吃穿不愁，很多人每年还要去国外旅游。我问过英国清洁工人的工资情况，他说每周收入是 100 英镑。开电梯的人工资要高一些，在我来之前，每周收入是 150 英镑。

政府规定每周收入少于 43.45 英镑的人是穷人,国家要给予补贴。这部分人包括失业者、无业人员、乞丐、流浪汉。在伦敦等一些城市,这些人经常晚上睡到纸箱子里。我也接触了这些人,其中有一个就是我们国内农村说的那种"二流子"。当然,沦落到这个阶层的人也有一些特殊的情况。我接触到一个律师,律师这个职业在英国非常好,生活不可能成问题,但他遭遇了丑闻事件,没有办法再在这个社会圈子里混,只能流浪街头。

上面提到的数据,包括几个小例子,说明了一个什么问题呢?说明在资本主义社会,70%是中间阶层,这个庞大的阶层是社会的支柱,今天我们把这个阶层称作"中产阶级",但在 30 年前的 20 世纪 80 年代初期,70%这个数据对我的震动之大,也许现在人们不太能理解。资本主义是什么?是万恶的资本主义,是腐朽的,劳动人民被压迫,要起来反抗的,是必将走向灭亡的资本主义。

我什么时候有这种对资本主义的认识的,可以说 20 世纪 30 年代中期就有了。可面对英国资本主义社会中 70%解决了生活问题的大多数人,你叫人家怎么去把万恶的资本主义的命革了?不革命的话,资本主义又怎么能灭亡呢?英国还在继续发展,伦敦是国际上最重要的经济、金融中心,是欧共体国家中经济增长最快的国家之一。我刚去的那年,英国直接在国外的投资总额达 120 亿英镑;到我离任时增长了多少?增长了五倍还多,达 700 亿英镑。而英国的科技发展水平更是相当的了不起,处于世界领先地位,在海上采油、航空工业、化学工业、机械工业、毛纺工业、食品加工业等新技术应用上,从世界范围来看都是无可比拟、遥遥领先的。

因此我就得出了一个初步的结论,如果说资本主义社会在原始积累时期凭借的是掠夺劳动者的剩余价值和剥削殖民地人民的话,那么目前资本主义社会生产的发展在很大程度上是依靠了科学和技术的进步所取得的。

我在大使馆主持的对英国社会的调查历时一年有余,到 1981 年的时候，我认为自己考虑得较为成熟了，便给国内写报告。

本来按照惯例，这类不太要求时效性的文字以电报的形式发给国内是不行的，但我想自己写这个报告的目的是要引起有关领导的重视，起到参考的作用，通过电报的形式发出能够引起重视，所以我就通过电报的形式把报告发回了国内。

果然有关领导非常重视，外交部批转了报告，专门给驻外使馆发电肯定了报告的内容。

我在报告中具体涉及了哪些内容，简单地归纳一下有以下五点：

第一，当今资产阶级所获得的利润主要来源于科学、技术的进步和发明创造。换言之，知识成为了生产力。资本家的利润早已经不是我们过去在书本中所认识到的那种靠剥削工人劳动的剩余价值来获取了。

第二，资本主义还在发展，通过我们大使馆同志的详尽调查发现，资本主义的生产关系仍然对生产力的发展起着巨大的推动作用。

第三，不能说帝国主义就是垂死的资本主义。

第四，当代资本主义国家中，工人阶级绝对贫困化的说法不符合资本主义发展的现状。

第五，资本主义社会具体到英国和其他西欧国家，目前根本不存在革命形式，更不可能出现以武装革命反对反革命武装的可能。

在我对资本主义社会进行客观的调查、分析的过程中，同时还对英国的资产阶级民主问题给予了相当大的关注。涉及到"资产阶级民主"这个问题，我心里清楚，它比对资本主义社会的观察分析要敏感得多。长期以来，我们共产党人中有相当一部分人否定资产阶级民主，认为资本主义社会中的民主是骗人的东西，不可信。而我认为对存在于资本主义社会中的民主应该做出一些建立在客观事实上的分析。我把自己的想法对大使馆研究室的同志讲了之后，有些同志出于好心，告诫我说："咱们对当今资本主义的分析已经同传统定论有了许多的不同，搞不好'离经叛道'的帽子就要扣上来了，现在再搞'民主'这个问题，太敏感了，最好不要再给国内写报告了。"

我坚持自己的想法，但大使馆研究室的同志没有人愿意执笔。无奈

1979年10月31日，柯华大使（右一）与华国锋总理（右二）、余秋里总长（左二）及黄华外长（左一）在英国伦敦马克思墓前合影

之下，我自己开始慢慢地搜集材料，仔细地观察英国式的资本主义社会中的民主问题。

首先，我当时就确信一点，资产阶级是对封建阶级专政的否定，是社会发展的一个重要的历史发展阶段。对于这一点，马克思、恩格斯也是承认的。那么问题就出现了，资本主义社会发展的几百年来，形成了一整套资产阶级的民主制度，如果它真的是一种骗人的东西，那么反映到国家政府的管理层面上来的话，好像行不通，这里面肯定有它合理的一面，我们是不是应该了解，是不是应该有所借鉴呢？

资本主义国家的管理权力，也就是政府的掌控权是怎么形成的，需要深入地去考察，并且加以认识。我认为资本主义国家最为根本的民主形式是党派之间的竞争，一个国家最少有两个或两个以上的政党在竞争。竞争什么？竞争执政权力，形式就是竞争到普通国民对其的支持，选举他担任国家最高的行政首脑。归纳起来，更进一步的竞争表现形式是通过媒体和议会公开地进行活动。当然，这里面有金钱参与其中，收买选票等现象都有，只是随着时间的推移，随着资本主义社会制度的不断自我修正，金钱在民主的运作过程中不再赤裸裸，而是相对进入一个逐步减弱的阶段。英国乃至西方国家经常发生政府首脑被控制、受批评乃至被撤换的情况,其中经常性地起着决定性作用的是党派之间的竞争,而公众同时起着非常重要的作用。因此我认为在西方的政治生态环境中,没有党派之间的竞争,就没有民主。

撒切尔夫人的开支是否出格,她的丈夫是否用过首相官邸的信笺,儿子在做生意的过程中有没有行贿受贿的行为,等等,都需要受到质疑和监督,而这种监督机制尽可能地保障了民主权利,保障了相当一部分的社会公正。

英国人的法制观念非常强,我们不能简单地说人家是在搞骗人的把戏。法制观念归结到一点,我体会到就是保护私人财产,保护资本主义社会秩序,维护资本主义制度,人人都要遵守这个秩序。

我举一个例子,英国的公主没有在规定的停车区域内停车,警察就把罚单贴在她的车上了,并在报纸上进行披露,这位公主只得认罚。记者去采访她,提到她乱停车的事情,她没有表现出反感或者别的什么意思,而是幽默地对记者说:"别人罚款不登报,我被罚款,还要登报,成了新闻人物,不是很好吗?"

上述就是我对西方民主的一些较为浅显的认识,后来我把自己的上述观点写成了一篇文章——《在马克思墓前的思考》,发表在了《炎黄春秋》杂志上,赞同的人占了多数,也有相当一部分人不同意我的观点。

我本人很清楚,民主的问题在我们这一代甚至对今后几代人来讲,都是一个不可回避的问题,而这个问题的解决需要我们继续思索下去。

· 31 ·

从20世纪70年代末到80年代中期,我们和英国之间最为重要的问题就是香港问题了。

1979年10月，华国锋总理访问英国时，柯华大使陪同华国锋总理会见当地华侨

谈到香港问题，除了主要谈我在其间所做的工作外，也会涉及到我参加香港回归庆典时的一些小事件和我对香港回归祖国之后的思考。

1982年夏天，我奉命回国，参加廖承志同志主持的有关收回香港的专题讨论会。当时廖承志同志正担任着中央港澳领导小组组长和国务院港澳办公室主任的职务。

廖承志同志对我说："你这次回英国之后，要尽可能多地广泛接触英国各界人士和英国政府，了解英国对我们收回香港的反应和英国政府的政策，做完这个工作你就尽快回来开展工作。"

当时我也没有细想廖承志说让我"尽快回来开展工作"是什么意思？只是考虑到我要尽快回到英国去。

打个形象的比喻，我现在觉得自己在中国政府解决香港问题的过程中充任的角色是探路者，或者说是哨兵也行。

与英国谈香港问题绕不过首相撒切尔夫人。和撒切尔夫人打交道，她这个人很难对付，不是一件容易的事情。为什么我这么说呢？因为在我回国参加关于香港问题的讨论会之前，我在英国参加了保守党的98届年会，领略了撒切尔夫人的处事风格。

当时有人在会上发言，情绪非常激动，冲着撒切尔夫人大喊："撒切尔，应该拐弯儿了！"

这个人一喊，反对撒切尔夫人的人立即跳出来反对她。

撒切尔夫人坚定地、言简意赅地说："要拐弯儿，你们拐，我不可能拐弯儿。"

这些反对撒切尔夫人的人也不是胡乱反对，他们提出的问题很尖锐，涉及国计民生，特别是对撒切尔夫人关于英国失业问题政策方面提出质问。

撒切尔夫人仅用一句话就坚定地表明了自己的理念："我宁可养活上百万的失业者，也绝不养活一个懒汉！"

撒切尔夫人在处理欧洲问题时亦以"铁腕"著称，某些政治家甚至认为是撒切尔夫人吵乱了欧洲。

就我个人与撒切尔夫人的接触，我认为她有主见，魄力很大，处事果断，个性相当刚强，是一位了不起的政治家。

谈到1982年夏天我回到英国为解决香港问题而去探路，有必要先回顾一下1949年新中国建立后中央对香港问题的相关考虑。

毛主席、周总理在考虑香港问题的时候有一个基本思路，即"长期打算，充分利用"。当时中央考虑香港问题不是简单的就事论事，而是将香港问题放在整个世界政治格局这样一个框架下来考虑的，在条件成熟的情况下，通过和平谈判予以解决。

世界政治格局发展到70年代末期的时候有了变化，邓小平同志根据新的世界形势的发展，特别是考虑到我国和美国、英国的新关系，以我国的长远利益和台湾2000万、香港600万人民，当然也包括当权者的利益为出发点，针对香港问题、澳门问题和台湾问题，制定了"一国两制，和平统一"的解决方略。当时及相当长的一个时期，特别是新闻媒体，对香港问题的报道只是关注了我们和英国的关系，其实我们和香

20世纪80年代初，柯华大使（前排右四）、夫人张明（前排右三）及中国驻英国使馆的工作人员（前排右二为王迺）与中国早期公派留学生们合影

港谈判，直到1997年香港回归，已经长达15年了，谈判中的焦点及难点问题都是围绕着上述几点利益而展开的，各方利益最大同一化才有可能达成一致。

1997年7月，我到香港参加回归庆典，我注意到在万众欢呼的同时，交接仪式大厅外还有几百人或上千人在冒雨表示抗议。

我在交接仪式大厅问一位老熟人："你赞成回归吗？"

这位老熟人对我毫不讳言地说："我不赞成。"

我接着问他："那么你反对回归了？"

他当即说："我当然不反对。"

我注意到包括像李柱铭那样的民主党人士，没有人公开表示反对回归。我的感觉是，关于回归祖国，香港同胞需要时间。

当时香港特别行政区行政长官董建华说了一句话，我认为很到位，说得很好，他说："在一国两制的新环境下，我们将会有许多机会和充分条件，去认识国家，认识民族；去热爱国家，热爱民族。"

再一个就是当时我们庆祝香港回归举国欢庆的时候有一个事情被忽略了，今天讲来，我认为很有必要，其中颇有况味。不知道英国人在香港回归之时是怎么想的，派了一支舰队向香港驶来，这个舰队所走的路线刚好就是当年鸦片战争时英国东方远征军总司令乔治·懿律率领舰队所走的航线。当年乔治·懿律率领的舰队进入中国海，跑到珠江口，如入无人之境。100多年后，英国的这个舰队刚刚进入中国海的第一个岛链，我们的舰队还有海军、航空兵就出现了。我想香港回归的交接仪式如此充满庄严气氛，秩序井然，我们没有舰队和航空兵，可能吗？

不论是不同的声音，还是英国的舰队，或者是香港特别行政区行政长官董建华的那句话，在我看来，都从另一个层面说明着中国政府在解决香港问题的过程中所经历的艰难险阻。

1982年9月，邓小平在中国共产党第十二次全国代表大会开幕词中提出了三大任务：加紧社会主义现代化建设；争取实现包括台湾在内的祖国统一；反对霸权主义，维护世界和平。我很清楚统一祖国这个任务，香港回归的问题就是很重要的组成部分，所以大使馆非常重视英国政府及在野党派对香港问题的各种动向，进行搜集整理，然后报告国内，为决策提供参考。

这个时期有几个时间节点，我要特别说明一下。

我担任中国驻英大使时，英国的首相还不是撒切尔夫人，而是詹姆斯·卡拉汉，他到中国访问时曾经说过这样一句话："两三年以后，将是讨论香港问题的适当时候。"

1979年3月29日，香港总督麦理浩访问北京，他向邓小平提出由于港英政府批租"新界"土地不能超过1997年，现在只剩下18年了，投资者不放心。

麦理浩说这话的用意明显得很，他是在试探我国1997年后对香港的态度。

邓小平告诉他，香港主权属于中华人民共和国，这个问题本身没有可讨论的，但是中国政府也会考虑和尊重香港的特殊地位。中国政府可

柯华大使夫妇（右三、右四）及部分工作人员在中国驻英国使馆欢度"春节"时合影

以明确告诉英国政府，即使那时做出某种政治解决，无非一个收回，一个保持现状，不管哪种政治解决，都不影响投资者的利益，请投资者放心。到时候，本世纪和下个世纪，香港还可以搞资本主义，我们搞我们的社会主义。

麦理浩还提出1997年6月后新界仍由英国管理的意见。

邓小平明确地告诉他："绝对不可能！"

麦理浩又向邓小平提出一个问题：大陆居民去香港的人太多了。

邓小平说，两个途径可以解决这个问题，一个是采取措施，减少一些人进入香港，减轻香港的压力；再一个途径就是港英政府要鼓励私人来广东进行投资，提供更多的就业机会。

归根结底，麦理浩这次北京之行的目的就是传达英国政府希望与中国政府接触的讯息，了解中国政府对1997年后香港问题的态度。而我们呢？正是因为这次邓小平与麦理浩的谈话，把解决香港问题提到了议

1980年11月16日上午，中国民航首航班机抵达伦敦盖特威克机场。北京与伦敦之间的航线是根据1979年中英双方签订的民航协定而开辟的。新航线的开通有助于增进中英两国人民的友好往来，促进两国关系的发展。图为柯华大使（前排右一）在中英首航班机上

柯华大使（前排左一）陪同上海市市长汪道涵（前排左二）率领的代表团在英国伦敦参加政府午宴时受到英国掌玺大臣弗莱·阿特金斯（前排右一）的热烈欢迎。

中国杂技代表团赴英国访问演出后，柯华大使上台与演员们合影留念

事日程。

麦理浩访问中国之后，英国下议院在1979年6月13日就麦理浩访问中国进行了辩论。很值得关注的是，英国外交大臣在下议院的发言中说："香港并非时代的错误产品，而是一个成功的例子。"麦理浩的北京之行并不意味着英国政府想谈判解决香港问题，现在还不是"讨论香港问题的适当时机"。

紧接着，7月5日，英国驻中国大使柯利达就向中国外交部递交了《关于香港新界土地契约的问题备忘录》。柯利达说中国可以对此《备忘录》做出答复。

这个《备忘录》已经不仅仅是试探中国政府了，而是想让中国政府默认英国取消"新界"管治权期限。我们的回答亦不含糊，奉劝英方不要采取所建议的行动，否则形势将引起对中英双方都不利的反应。

整整一年多后的1981年初，大使馆接到国内来电，说邓小平指示

柯华大使与杂技小演员们合影

香港问题已经提上日程，我们必须有一个明确的方针和态度，请有关部门研究，提出方案，尽快整理出来，供中央参考。

我迅速组织人将搜集到的关于英国在香港问题上的各种反映进行汇总，立即向国内提交了报告。

1981年4月3日上午，邓小平会见英国外务大臣卡林顿勋爵，卡林顿向邓小平提出如何继续保持香港的稳定和繁荣的问题。

邓小平说，他们的生活方式、政治制度不变，这是我们的一项长期政策，而非权宜之计。对这个问题我们可以郑重地说，我在1979年同麦理浩爵士谈话时所做的保证，是中国政府正式的立场，是可以信赖的。可以告诉香港的投资者，放心好了。我请你注意研究一下我们对中国台湾的政策，我们提出和平统一台湾，台湾的生活方式、政治制度不变，也不降低台湾人的生活水平和经济收入，甚至允许他们保留自己的军队，要求他们的只是取消"国号"、"国旗"。

邓小平向卡林顿勋爵解释了我们的"一国两制"政策，在一个中国的前提下，大陆主体实行社会主义制度，香港、澳门、台湾作为中华人民共和国的特别行政区保持原有的资本主义制度长期不变。

这次邓小平和卡林顿勋爵之间最为核心的话有两句，第一句：中国要在1997年恢复对香港行使主权；第二句：中国愿意同英国谈判解决这个问题。

我在英国首先是与各界对中国表示友好的人士进行接触，听一听他们对香港问题的看法。

我认识英国前首相麦克米伦时他已经九十高龄了，我去拜访他，他

柯华大使（左一）与英国约克郡邮报报纸有限公司常务董事、前报业公会会长J. G. S. 利那克尔先生（左二）及董事长肯尼斯·帕金森爵士（右一）等亲切交谈

对我说："中国对香港享有主权，不容争议。"

丘吉尔的女婿索姆斯勋爵是前任欧共体主席，我邀请他到中国使馆做客。在宴会中，索姆斯勋爵大声说："英国政府应该把香港主权归还中国，我将为此大声疾呼。"

这个时期，我还同前首相希思、卡拉汉，外交大臣卡林顿，国防大臣皮姆，工党副领袖希利，前国防部参谋长卡梅隆元帅，怡和洋行董事长亨利·凯瑟克，太古洋行董事长斯维尔兄弟，英之杰公司董事长坦劳勋爵，以及许多的政府部长进行了接触，我发现这些人中的大多数人，包括英国很著名的媒体《卫报》等，都表示英国不应该坚持19世纪同清帝国政府签订的三个条约，坚持这三个条约没有好处，应该无条件地把香港归还中国。而且既然归还了，也就没有什么理由要求继续参与管理香港。

柯华大使与英国地方政府官员在一起

柯华大使夫妇（右二、右三）到英国地方官员家做客

柯华大使在英国与郡长一起骑马

当然，不同的声音也不小，认为在香港主权归还中国之后，中国政府应该与英国政府共同管理一段时间——30年。考虑到香港的利益，对中国能否管理好香港颇为担忧，其中最主要的担心是中国将在香港推行内地所实行的社会主义制度。

我所做的与英国各方人士的接触，说到底还是外围工作，最终是要与英国进行交涉。

1982年4月初，英国发生了一件大事情，它和阿根廷因为马尔维纳斯群岛的归属问题爆发了战争，撒切尔夫人向议会宣布派出特遣舰队远征南大西洋。6月中旬，这场战争以英国的胜利而告终，全国欢腾，政府的威望得到很大的提高，撒切尔夫人也成为了英国人心目中的英雄。

正是在这样一个时候，撒切尔夫人提出她要访问中国。撒切尔夫人访问中国是中国和英国建交以来第一位在任首相的正式访问。

1982年7月12日，也就是廖承志指示我回到英国展开相关香港问

柯华大使夫妇与世界著名的意大利男高音歌唱家帕瓦罗蒂（中）等合影

20世纪80年代，柯华（中）与香港富商李嘉诚（右）等合影

题前期工作后不到一个月,邀请撒切尔夫人来中国大使馆做客。

撒切尔夫人在宴会上谈到了中国的烹饪,盛赞中国和英国的友谊,气氛融洽之至。

撒切尔夫人对我说:"我将要去中国访问,希望主要谈香港问题。"

我说:"您对邓小平先生同希思先生的谈话有什么看法?"

撒切尔夫人说:"我看过有关报告,很抱歉,我记不清楚了。"

很显然这是撒切尔夫人的托辞,我明白她是希望从我口中再次确认中国政府对香港问题的态度。

我接过她的话,简单地重申了邓小平关于香港问题讲话的要点。

撒切尔夫人听我说完,沉吟了一下说:"香港问题对双方都很敏感,

柯华大使应 Lady Eglement 的邀请在其猎场打猎,击中两只小鹿

柯华大使手持猎枪与猎物合影

中国政府所说的主权问题是不是指香港整个地区?"

我说:"当然是香港整个地区了。中国政府要收回的不仅仅是新界,还包括香港岛和九龙。"

撒切尔夫人说:"租借新界的条约到1997年就要期满,现在香港人和英国人都比较着急,我希望就这个问题同中国领导人交换意见,使投资者不至于为他们的前途担忧,而因此失去了信心。中国主张不改变香港作为国际金融中心和自由港的地位,对我们双方都有利。"她继续说:"我们最好的办法是继续保持目前同中国的合作,保留英国的行政管理,香港地位不变,持续现状30年、40年或者50年,我请中国注意英方的主张和意见。"

我仔细听完撒切尔夫人的话后,又向撒切尔夫人阐释了一遍邓小平和前首相爱德华·希思谈话的要点。

撒切尔夫人表示知道中国关于香港问题的政策,她说:"希望在访

柯华大使（右）在英国与前首相爱德华·希思（左）及画家方召麐（中）合影

华前再做进一步讨论，找到双方满意的解决办法。"

这时候，陪同撒切尔夫人来做客的英国外交部助理次官唐纳德小声对我说："撒切尔夫人访华要解决的关键问题是主权问题。主权问题只能一步一步解决，急不得。撒切尔夫人非常不愿意说'主权'这个字眼，最好在三五年后再提主权问题，或者10年、20年、30年后再提更好。"

我听完唐纳德的话，也就清楚了英方对香港问题的基本态度和他们的一厢情愿。

我说："主权问题，还是邓小平所说的不容商量。"

唐纳德说："撒切尔夫人访华的时候，《公报》的这个措辞我们还需要认真斟酌，可以写明双方各自的观点，但表示双方都愿意寻求共同点，以维护香港作为国际金融中心和自由港的地位，保持香港的繁荣。"

12天后，香港总督尤德飞到伦敦，他和前总督麦理浩一起和我接着谈香港问题。

尤德和麦理浩态度很强硬，说交回主权，但必须由英国继续管治。

我说："主权和管治权不能分开。中国在收回主权的同时，必须行使管治权。"

尤德和麦理浩坚持他们的意见，试图说服我。

我坚持我们的立场，谈了三个小时，仍没有结果。

他们俩几乎同时对我说："我们这样争论下去，达不成一致怎么办？"

我看着眼前一位是前任香港总督，一位是现任总督，这两位都是英国的绅士，其实他们的强硬背后都有一种很深的长达几百年"炮舰外交"的思维，力图维持其已取得的利益。英国人在外交上的精明与老练可不是一个人或者一代人所具有的，而是一种传承了几百年的风格。我知道他们能长时间地与我争论，但也可以在一旦无法坚持的时候灵巧地寻找妥协的台阶。

我冲二位笑了笑说："我们达不成一致怎么办？我看其实也很好办，你们不是刚刚出兵远征了马尔维纳斯群岛吗？"

两个人听后不解地看着我。

我接着说："马尔维纳斯群岛距离英国本土9000多海里，中途无法补给，飞机能在空中加油，大西洋的气候，你们也知道，很恶劣，但你们还是去了啊！而且还打了胜仗，对吗？"

尤德和麦理浩点点头。

我说："香港比起马尔维纳斯群岛，离英国本土要近1000海里、8000海里。沿途补给、加油不成问题，西太平洋的气候也非常好。我看呀，你们不妨用对付马尔维纳斯群岛的办法试一试，这也不是不可以的呀！"

我把话说到此，尤德和麦理浩一下子愣了，好长时间回不过神来，然后俩人几乎异口同声地说："那当然不可能，不可能，用对付福克兰群岛和直布罗陀的办法不行，我们和中国只能谈判，只能谈判。"

通过宴请撒切尔夫人，通过与尤德、麦理浩的谈话，我清楚了英国对香港问题的底牌，也向他们最大限度地表明了我们在香港问题上的立场。

报告国内后两个月，9月22日，我陪同撒切尔夫人抵达北京，开

柯华大使夫妇参观英国暖房时，一只美丽的蝴蝶悄然落在夫人张明的手上

始了访问。其实这不是撒切尔夫人第一次来中国，1977年作为英国保守党领袖，她来过北京。

撒切尔夫人这次到北京访问，从英国的国内形势来看，经济状况是第二次世界大战之后最好的一个时期，撒切尔夫人的改革获得了广泛的民意支持，更重要的是，撒切尔夫人是携带着英国对马尔维纳斯群岛战争胜利的余威来和中国谈判的。

撒切尔夫人有备而来，我估计她此番到中国，乃至今后相当一个时期，都会坚持英国固有的立场，她要坚持和清政府签订的那三个不平等条约的合法性。

香港问题的谈判之艰难持久，当在意料之中。

9月24日，我陪同撒切尔夫人来到人民大会堂，先是在新疆厅，撒切尔夫人和邓颖超见了面。她们的会见时间不长，撒切尔夫人一行就被领到了福建厅。

到门口的时候，邓小平迎了出来。

柯华大使参观英国皇家警察学院时与教官们合影

众人落座后,我看了看邓小平的神态,那是胸有成竹;撒切尔夫人将两手平放在膝上,面含微笑,端庄凝重。

当时中方除了我之外,参加会谈的还有黄华,英方有尤德、巴特勒和柯利达。

邓小平和撒切尔夫人先是从中国的菜肴说起,四川菜、广东菜、苏州菜,各谈了它们之间的口味差别,气氛看起来平和而融洽。

在撒切尔夫人到访的前几天,中共中央政治局常委会做出了决议,就是 1997 年中国必须收回香港。邓小平最终在这次政治局常委会上一锤定音,这件事情就这样定下来。

撒切尔夫人和邓小平的谈话始终都是谈笑风生,但却挟电携雷。表面上看起来是一些轻言漫语的话,可细听之下,无不字字千斤。就某些问题唇枪舌剑、针锋相对的时候,各自又在话语中处处流露出峰回路转之意。

撒切尔夫人向邓小平强调英国和满清政府签订的三个条约有法律依据，然后锋芒毕露，直言道："如果中国政府宣布收回香港，将会带来灾难性的影响。"

邓小平立即接过这句话，向撒切尔夫人说了很长一段话：主权问题不是一个可以讨论的问题，中国在这个问题上没有回旋的余地。1997年，中国将收回香港，不仅是新界，而且包括香港岛和九龙。中国和英国就是在这个前提下进行谈判，商讨解决香港岛的方式和方法。否则，任何一个中国领导人和政府都不能向中国人民交代，甚至也不能向世界人民交代。如果不收回就意味着中国政府是晚清政府，中国领导人是李鸿章！不迟于一、二年，中国就要正式宣布收回香港这个决策。如果说宣布收回香港就会像夫人说的"带来灾难性的影响"，那我们要勇敢地面对这个灾难，做出决策。如果香港发生严重波动，中国政府将迫不得已不对收回的时间和方式另作考虑，希望从夫人这次访问开始，我们可以通过外交途径进行很好的磋商，我们双方讨论如何避免这种灾难。

原计划邓小平和撒切尔夫人的会谈是一个半小时，结果延长了50分钟。

谈到最后，撒切尔夫人表示，希望不要把这次会谈的内容传出去，并建议共同对外宣布会谈是坦率的、友好的。

邓小平说："好，我完全赞同你的意见。"

这次会谈的结果达到了我们谋求政治解决香港问题的预期目的，为今后的谈判奠定了基础。

会谈结束之后，有一个小小的插曲被很多媒体都报道了，说是"铁娘子"撒切尔夫人和"钢铁公司"邓小平会谈，在走出人民大会堂的时候失态，在台阶上跌倒了。实际上言过其实了，撒切尔夫人的确是不小心跌了一下，但像撒切尔夫人这种政治家，绝不会因为谈判中出现不愉快的情况就昏然失控。这样的报道是一种渲染，是一种反殖民主义的情绪流露而已。

当天下午，我和夫人张明陪同撒切尔夫人游览了颐和园。游览完毕，撒切尔夫人即兴参观了海淀农贸市场，还买了一袋葡萄。虽然上午的会

柯华大使夫妇（中）参加"伦敦各界华人热烈庆祝中华人民共和国成立卅二周年大会"时与部分华人及英国友人（左六为格林）合影

谈相当严峻，但下午撒切尔夫人游览时的情绪称得上是"举起千斤，放下四两"，颇具政治家的风度。

9月27日，撒切尔夫人在香港举行了一个记者招待会，再次重复了自己的立场，态度还是很强硬的。她说，英国的立场是根据三个条约，其中一个是占香港面积92%的土地的租借将在1997年到期，另外两个条约是关于香港岛和九龙半岛的主权，占整个土地面积的8%。如果有人不喜欢这些条约，解决的方法是由双方进行讨论，经双方同意而生效，但不能毁约；如果有一方不同意这些条约，想废除条约，则任何新的条约没有信心加以执行。

撒切尔夫人在记者招待会上发表讲话，中国政府迅速做出回应，外交部发言人重申：过去英国政府同中国清政府签订的有关香港地区的条约是不平等的，中国人民从来是不接受的。中华人民共和国政府的一贯立场是，不受这些不平等条约的拘束，在条件成熟的时候收回香港整个地区。

当天下午，香港中文大学和理工学院的学生举行了抗议游行活动，支持我们的声明，反对撒切尔夫人的讲话。

撒切尔夫人访问中国之后半年，也就是1983年春天，我在英国的任期将满，为此，我借离任之机，更加广泛地约会英方各界人士，阐明中国在香港问题上的主张，推动中英谈判。

伦敦、曼彻斯特、约克郡、新堡等地的华人华侨知道我将离任，邀请我去参加他们举办的饯别酒会。无一例外，在这种场合，我都要发表讲话，而讲话的主题又无一例外地重申着中国政府对香港问题的态度。

华人华侨听了我的讲话，情绪变得很激动，举杯喝酒，流泪欢呼。特别是我讲到邓小平说"香港问题主权不可谈"，他们真切地感受到了祖国的强盛。

本来英国当时和满清政府签订的条约就是不平等条约，这种屈辱感不是一天两天，而是长达上百年了，现在我们要收回香港主权，海外的华人华侨怎能不激动呢？拥护祖国的正义主张，人心所向。

1983年2月6日，我在英国举行了华侨和文化界祝贺新春的酒会，伦敦和香港的报纸纷纷报道。香港《星岛日报》从伦敦发出专讯，用大字标题写着"中国大使柯华透露，中国领土不容分割，前途看重港人治港，三不变、两原则将维持繁荣安定"。我还记得文章中有这样一段描写：柯氏透露英国曾要求统治香港的时间延长15年，30年，甚至50年，但中国政府坚决拒绝。柯氏斩钉截铁地表示，1997年6月30日，英国政府就要离开香港，一日也不能延长。

3月7日，我在大使馆举办告别酒会，宴请英国政府官员和各国驻英使节。英国财政大臣豪尔夫妇、教育大臣约瑟夫夫妇、贸易国务大臣里斯夫妇、国防参谋长柏拉莫尔夫妇、外交国务大臣鲍斯特、外交国务大臣许德夫妇、外交部助理次官当奴夫妇、皇家典礼官查理士夫妇、工党副领袖希利夫妇和前任香港总督麦理浩等100多位宾客参加了酒会。

在告别酒会上，我再次阐明了中国政府坚持中英友好谈判，解决问

1982年，著名画家吴作人赠送给柯华夫妇的画作

1984年,"岭南画派"代表人物关山月赠送给柯华的画作

20世纪80年代,"长安画派"代表人物黄胄赠送给柯华的画作

题的立场和诚意。

第二天,英国国防大臣皮姆在他的官邸设宴,为我饯行,作陪的有英国前首相卡拉汉、香港总督尤德、前香港总督麦理浩、英国驻中国大使柯利达、坎特伯雷大主教尼尔逊、鲁因元帅、英国石油公司董事长彼得霍加斯、英国文化委员会主席托诺夫顿、皇家学会会长卡臣、邓诺普公司董事长金宝·费里沙、英国宇航公司董事长皮亚士、保守党议员阿坚斯、贸易部次官高利、外交部助理次官当奴、《泰晤士报》主笔察夏里斯。

我在宴会上同他们坦诚地进行了关于香港问题的谈话,我讲话的目的很明确,就是要争取更多的英国人士了解中国政府的坚定立场和我们所采取的照顾英方的灵活、务实的方针与政策。

3月16日，我前往白金汉宫向英国女王辞行，并向她重申了我们对待香港问题的立场和中英友谊。

我在伦敦这边做离任前的最后工作。在国内，中英谈判正在进行着，中方坚定而明确的立场终于使英国政府看清了中国政府对待香港问题不可改变的决心。

3月初，撒切尔夫人给中国领导人写信，表示对中国的主权立场已有所了解，不反对中国以对香港拥有主权的立场进行谈判，她本人愿将香港主权问题提交议会重新讨论。撒切尔夫人的这封信很重要，说明英国政府不再坚持三个条约有效的立场。

自此，中英香港问题的谈判出现转机。到了1984年12月19日，双方正式签署《中英联合声明》，之后中英双方之间围绕着香港问题继续谈判，其间的跌宕曲折，错综复杂，真是一言难尽，双方较量到了最后，直到1997年7月1日零点，香港终于回到了祖国的怀抱。

我参加了香港回归的庆典，在欢庆之余，我想说说当时我对香港回归的三点思考。

第一，香港与内地的关系比之过去与英国的关系要密切得多，内地官员去香港也会比过去英国官员去香港多得多，董建华和陈方安生及二三十位香港司级官员将如何接待内地的官员？接待这众多的官员又如何正常的工作？我想中央会为此做出严格规定，国务院港澳办应该尽到守门员的职责：一切因私到港的内地官员不得拜会特区政府官员；一切因公有必要与特区官员接触的需经国务院港澳办统一归口管理安排。

第二，"一国两制"没有先例，如何贯彻？如何实行？需要在实践中不断总结经验，不断改进完善。这是一个总体构想，内地和香港都要认真贯彻执行，但在处理具体问题时，内地应多考虑"两制"问题，而香港应该多考虑"一国"问题，这样做会对处理某些"矛盾"问题有所裨益。我们内地各个部门、各省市对香港首先要从维护其繁荣稳定的大局着想，不可有只顾自己部门或地方利益的狭隘利己主义和地方保护主义，对香港应兴应革的事情宁可慢一些，不可求急求快，更应该尊重特区政府的意见。

1997年7月1日零时举行香港回归交接仪式，柯华怀着激动的心情应邀参加并留影

第三，要充分考虑由于历史原因和实行不同制度所带来的价值观的差异，思想、生活方式的差别。香港市民中还有相当一部分人是在1949年以后由内地迁去的。在过去的社会大变动中，由于相当长的时期内"左"的干扰，致使其中不少人在思想上、感情上留有伤痕；至于青年人，由于英国的管治，他们无缘或很少有机会接受民族、国家观念的教育。但他们都是在艰难困顿中创家立业，为香港的繁荣做出了贡献，他们是爱港、爱国的，我们应该爱护他们、善待他们、尊重他们，增进相互之间的理解与沟通，切忌"左"的思想作怪。

上述三点的思考，我后来专门在一篇文章《为香港回归探路》中辟专节进行了阐释，这里我仅择其要点述之。

· 31 ·

我在英国担任大使五年内正是我国改革开放之初，进行经济建设是当时整个国家的重点。我们搞计划经济30多年，现在打开国门搞开放，与国外进行广泛的经济交流，势必要出现一些问题，不论从政府的操作层面来看，还是从具体部门对具体项目的运作水平，乃至思想意识上，都存在着不少的问题。这些问题就是我在这一节中重点谈及的，主要谈谈我在英国期间参与的几件与国内经济合作的事情，也兼顾其他，时间框定上并不局限于我在英国任期内，会下延到我在全国政协任常委时的事情。

对我来说，国家搞经济建设是一件非常令人振奋的事情，为什么呢？我们这代人强国富民的梦可以说从小就开始做了，青年时期，抵抗日本人的侵略；人到中年，新中国建立，也是要建设强大的新中国。可我们到了耳顺之年才大梦方醒似的明白关着国门搞经济建设是一条死胡同，总是搞阶级斗争，国富民强的梦只能继续做下去。

当我到英国履职之时，十一届三中全会召开了，今后国家以经济建设为中心任务，不再以阶级斗争为纲，我深感振奋，从内心来讲，尽管我不懂经济工作，念不了生意经，但我打定主意要为经济建设力所能及地做些事情，穿针引线亦可。

英国的许多产品都相当先进，我想如果能把这些东西尽快引进到国内去，让有关部门加以研究，我们迈向现代化的步伐就可以加快了，所以我向国内请示，并与国内协调，终于某部批下来5万英镑，叫我购买英国的名牌产品。

这下好了，我立即叫大使馆的同志们分头行动，买了一大批名牌产品的样品，运回国内。可这些东西运回去之后，等来等去，却没有了下文。人家也不说这些东西怎么样，更没有准备合作的消息传过来，我向国内打听是不是正在进行论证研究，得到的消息却是没有这方面的动静。5万英镑的样品怎么就石牛入海了呢？

终于，好长时间之后，我得到了一个消息，这些英国名牌样品运回国内之后被接收的这个部门分而用之了。一片热心换来这么个结果，我很生气，但我很快也就理解了，毕竟是改革开放之初，在国内要想达成改革开放的共识，其实不是一件容易的事情。所以我不灰心，既然大的工业产品一时半会儿引进不了，就做些小事情吧。

我利用外交官这个身份带了一些水稻、水果的优良品种回国，交给相关部门，让他们去推广，有些品种到今天还在使用，效果不错。同时我把芥蓝、茶花、茉莉花这些东西介绍到国外，效果也很好。

当时国内的一些领导干部，特别是经济领域的领导干部，他们的思想还是落后的，跟不上发展的形势，一谈到生意，总算别人的账，把人家的账算得太细了，嫌人家挣得太多，谈判时谈不拢。我看根子上还是"左"的思想在作祟，怎么能让资本家挣我们太多的钱呢？因此我搞的像英国的"三枪牌"自行车、"555牌"香烟的引进就被搁浅了，谈不下去了。

最令我惋惜的是我介绍的英国很有名的英之杰公司与福建省的合作项目。英之杰公司董事长坦洛勋爵的夫人原籍是福建，她知道福建的茶叶好。我和这位坦洛勋爵很熟悉，是朋友，他就通过我向福建方面提出想在福建买块地种茶叶，等到种植成功之后，将茶园及茶厂的设备全部送给中国。

我一听坦洛勋爵的这个想法，当然很高兴了，立即与国内联系，把想法传递过去，可我得到的答复却是"土地不能卖给外国人，无法合作"。

几年过去了，福建方面才认识到坦洛当时的这个项目不错，来电报请坦洛勋爵洽谈开发福建茶叶的事，但时过境迁，坦洛勋爵对此已经没有兴趣了。

改革开放之初，"商机"的概念在我们领导干部的头脑中模糊得很，甚至就是空白。其实在我们大规模展开经济建设的时候，"贻误商机"换成战争年代，不就是"贻误战机"吗？

上面说的都不能算作大的项目引进，只是小生意。

另外三件大生意都牵涉到军事工业，英国的军事工业在世界上当属

柯华大使参观英之杰公司董事长坦洛（勋爵）的车辆制造厂时，与坦洛（右）及夫人（中）合影

柯华大使身穿英国海军特制服装，准备参观其军舰

前列。

我收到国内发来的电报，说我们正与英方洽谈购买英国军舰的相关事宜，因价格问题，要我设法与英方商谈，求得解决。

我赶到建造军舰的厂家，先是参观了一番，对方陪我上军舰看了，自然而然地谈到了中国购买军舰这件事情。

董事长问我："中国是怎么回事？"

我说："我们认为价格太高。"

董事长问我："您认为我们之间的价格相差有多少呢？"

我说："millions."

董事长故意对我说："大使先生，millions 是不能用复数的呀？"

我笑了，重复了一句，我说："我用的就是 millions。"

几天后，我宴请撒切尔夫人，她主动问我国购买英国军舰的事情，我简单地告诉她,双方之间因为价格方面有差异,谈不拢。

撒切尔夫人当即表示她要亲自过问这件事。

几天之后,撒切尔夫人主动给我打来电话,说她已经和厂商说好了,价格再降低420万英镑。

我立即向国内发报,双方顺利地签订了合同。

在北京,由中央领导主持搞了一个庆祝宴会,同时国内指示我在英国也搞一个庆祝宴会。

但两场庆祝宴会搞完几个月之后,有一天,造船厂的董事长跑来拜会我,询问我中方中途废除购买军舰合同的原因。

我很感意外,合同不是签了吗?怎么回事?

我告诉董事长:"我也不知道,需要向国内问明情况后再答复你。"

送走董事长,我连忙给国内相关部门拍电报询问。

国内很快回电报,说合同的确废除了。

就这么简单?合同废除了?

我知道合同废除了,我现在需要知道的是为什么废除合同?我好向人家解释。

我给国内提意见,因为大使馆也参与了这件事,后来还举行了庆祝酒会,现在合同废除了,也不通知大使馆一下,告知原因,让人家找上门来,搞得我们很被动,无法向对方解释清楚!

英方卖军舰的公司非常气愤,表示准备诉诸法律。

我后来才知道,这件事之所以没有再起波澜是撒切尔夫人做了工作,她劝说这家公司对中国的贸易要做长远的打算,要从中国和英国的关系长远处着想,这件事才算平息下来。

购买军舰的合同废除了,国内又来电报说要买英国制造的120架飞机。

我认为这是一件好事情,马上联系英国的飞机制造企业。英国方面一听120架飞机,好嘛,积极配合。

签署合同之后,国内来电报让我在伦敦搞一个庆祝酒会。

这次买飞机,国内倒是和我通气很及时,来电报说国内经济状况不好，减成60架，我急忙知会英方。

英方表示理解，来日方长嘛。

过了一段时间，国内又来电报说要减成32架。

我还是知会英方，人家没说什么，还在做着交付的准备。

又过了一段时间，国内来电报通知我，说减成16架。

最后减成8架。

到最后来电报说一架都不买了。

这下英方很恼火，为了这个飞机合同，他们要做许多准备，前期要花很多钱，但我们不守信用。没有办法，我只好各处做工作，向人家表示歉意。

英国人呢？后来也想通了，觉得和我们做生意是长久的事情，也就不再说这个事，不买就不买吧。

买军舰、买飞机这两件事的确在工作中造成了我的被动，但事过之后，静心思量，我也算是从中长了一些见识，有所裨益。

改革开放之初，我们的各项工作还不成熟，特别是在国际商业合作领域，合同的重要性，换而言之，就是商业领域的契约精神，在我们的头脑中还有待加强，我相信我们一定会在日益扩展开来的国际合作中成长起来，走向成功。

再一个问题，英方也不是什么东西都对你开放，军舰、飞机可以卖给你，但比如说我们在购买英国的坦克时，好多东西就要对你保密了。英国有一种主战坦克，在世界上很先进，我们要买它，国内派了兵器工业部部长来英国考察。我们两个人去坦克制造厂，这种新型坦克被放在一个房子里，用铁栏杆挡着，我们只能在外面看。

后来英国人叫我进到房子里，我上了坦克，走来走去，看来看去，我还到坦克里面看了看，出来以后，那个董事长说："大使阁下，我们这种坦克车从来不给外国人看，对你们中国，我们特别优惠了。"

本来嘛，英国坦克有保密的东西在里面，我能理解，但不能说让我上去走了走，看了看，就说是对我优惠了，没有道理。

我说："别讲你对我们什么优惠啊！你这是欺负我，欺负我不懂坦克,你为什么不叫我们的兵器工业部部长进来看呢?他要进来看行吗?你不叫他进来看,就只叫我看,我根本不懂,所以你说是优惠我,优待我,实际上就是欺负我没有水平。"

后来买坦克这件事情也不了了之了。

80年代,特别是1985年之前,我经历的几件国内与外商合作的事情,充分说明了一个问题——短期行为,这种短期行为在政策操作层面上显得尤为突出。

我和国外的人来往比较多,对我来说,联系外商到国内投资算是发挥优势,但我把外资引进来,咱们的投资环境实在不敢恭维,遇到的困难想都想不到。

林秉昭在海外华人社会名气较大,是菲中友好协会的会长。少年时期,他在老家福建读书。读书的时候,红军来了,他组织学生到街上欢迎红军,散发传单。后来红军撤退走了,国民党跑来之后就要收拾他。没办法,林秉昭只能下南洋到了菲律宾。在菲律宾又被政府当成偷渡者关到地牢里,后来被亲友营救出来,辛勤劳作,终于靠养猪发了家,资产很大。

我在菲律宾的时候曾经告诉过他,希望他到国内去养猪,但当时毕竟各方面条件不成熟,事情也就放下了。

后来我到了英国,我们还有联系。

深圳特区办起来之后,林秉昭在深圳办了光明农场,农场里养奶牛,香港每天70%的鲜奶都是他这个光明农场供应的。

林秉昭见鲜奶市场不错,便联系美国的养猪大王兰德,两个人一起在广州创办了一个规模很大的现代化养猪场——广三保。

我知道后,给林秉昭打电话,表示了祝贺之意,并告诉他,如果有什么困难需要我帮忙,我会尽力解决。

开始建养猪场的时候一切都顺利,工程进度各方面也较快,只是到了生猪出栏的时候,问题来了。

过去我们供应给香港市场的生猪都是从全国各地调配来的,运费高是一方面,另一方面一路颠簸运到香港,生猪有死亡的现象,而且我们过去供应给香港的生猪，肥肉太多，不太适应香港的市场，所以国务院决定不再从内地调运生猪供应香港市场了。

如此，林秉昭和兰德投资7000万美元的养猪场应运而生。

现在到了生猪出栏之时，出口许可证却没有下落。

没有出口许可证意味着这些生猪无法运到香港出售，该出栏的生猪还在栏里，小猪还要进栏，如何是好？

本来林秉昭和兰德与国务院经贸部及广东省经贸委正式签订了合同，合同中写明保证出口。

万般无奈之下，两个人火速跑到北京来找我。

兰德看见我，一副痛不欲生的样子，我能理解。他把与政府签订的合同给我看，上面盖着国务院、经贸部、广东省经贸委的三个公章。

我接过合同，觉得这个事情已经不是仅仅局限在经济方面了，如果处理得不好，一方面伤了外商的感情，另一方面也让我们的政府大跌形象。

我答应兰德和林秉昭，尽快找人解决问题。

我先去找经贸部部长，他看了我拿去的合同，说出口许可证已经分配给省里了，部里没有留机动指标。

见此情况，我连忙和广东省经贸委主任联系，他说许可证已经全部发给各县了，省里没有办法解决。

跑了一圈下来，看来出口许可证没有办法搞到了。

很明显这是我们的政府不守信用，当初签合同的时候说好了保证出口，现在生猪到不了香港市场，就会造成不好的影响。

正好全国政协开常委会，我在会上以林秉昭和兰德的养猪场没有出口许可证为例讲了一上午的话，主要是谈我们的政府应该如何创造良好的投资坏境及如何保护外商投资积极性的问题。

在座的全国政协常委们听我这么一说，也都很着急，于是写了一个特急简报，报送国务院领导。

国务院领导看了简报后，批了出口许可证，事情总算圆满解决了。

尽管林秉昭和兰德办养猪场曲折了些，但有惊无险，总算是成功之例。可是从中亦折射出80年代初，我们的地方政府，包括中央部委，在经济合作领域所持观念的滞后，对契约精神的麻木，我想在今天依然还有一定的警世意义。

家乡的人来北京看我，看见我的钓鱼竿，感到很惊奇。

当时钓鱼在国内还不普及，算是新鲜事物，在国外早就是一项普及的健身运动了，因此渔具生产已形成产业。我预感到随着国内经济的发展，钓鱼在国内也会有普及之时的，见老乡对渔具感兴趣，我就问他想不想搞一个渔具厂。

老乡说他想搞，请我帮忙。我就帮他在香港联系投资的人。

找到投资人之后，厂子办起来，规模比较大。早先的投资不够了，朱镕基总理知道办渔具厂的事情后很关心，帮助解决了40万美元的资金。接下来，厂子的发展迅速步入快车道，一年后成为普宁的纳税大户——第一名，年利润有几百万元。

我认为路子走对了，发展势头也不错，应该继续往更大的目标去努力。

我告诉他们，我初步联系了韩国的资金，还有新产品，建议他们从汕头大学商调10多个化学专业的毕业生，主要在厂里搞产品质量的把关和研发新产品。他们听了我的话之后，虽然表示积极去做，但一年几百万的利润让其很满足了，对韩国的资金、产品及聘请汕头大学的毕业生的事都没有一一去落实，错失了良机，没有了继续发展的后劲。这是一个目光短浅的事例。

地方政府也有这样的缺点。我表妹从香港回到内地，与地方合作办了纺纱厂，规模大，销路也好，一年利润有几百万，但地方上见此也就很满足了，不再有大发展的想法，无奈之下，我表妹只好另寻出路发展去了。

我谈上述两件事情是要说明80年代上半期经济改革起步阶段，在普通人，特别是领导干部中显露出来的目光短浅的问题，很值得我们反思。

我从英国卸任后，在10多年的时间里参与了一些经济活动，为汕头、北京等地区，利用我与国外的关系引进了一些资金，包括国外的捐助。其实我在参与引进外资的工作中也出现了好些问题。

北京某家啤酒厂，我帮助引进了1亿元的资金，他们为了对我表示感谢，说按政策给我20万元的介绍费。

我不要这个钱，但对方执意要给。

我只好说："拿这个钱去办一所希望小学，或者给当地学校买些电教设备。"

一个副县长陪我考察了一所小学，定下来给这所小学购买电教设备，并买一些体育器材。

我向他们提出一个要求："这个钱要花在明处，你们把事情搞好之后要登报发消息。"

问题就出在报纸的消息上，明明是20万元，却说是15万元。白纸黑字让对此事不了解的人不免提出疑问：那5万元跑到哪里去了？

我提出要去学校看看购买的设备，可对方一味地推诿，到现在都没有安排我去学校看看他们购买的器材。

事情看起来不了了之了。可有一天，中纪委说有人告我，说我拿了回扣，领导部门还派人跑到我这里核实。虽然来人的态度还算客气，但我却想不通，怎么能对我这样的老干部如此不信任呢？

还是啤酒厂的事情，房山某啤酒厂缺资金，我帮助他们引进了6000万。这家啤酒厂有奖励引进资金的制度，按制度他们给我60万，我坚决地谢绝了。可是其他参与引资的介绍人应该得到的介绍费，扯皮几年也没有得到，谁知道里面发生了什么事情，真是一言难尽。

再有北京某家医院，医疗条件不好，我和香港的朋友沟通之后，人家支持医院8辆汽车、40台冰箱、40台电视机、40台空调。这在1985年来说，对一家医院的支持不可谓不大。

医院的院长表示要感谢我，我说："不用感谢了，你答应我一个要求。"

院长说："什么要求？您尽管说。"

我说："你把医院的领导班子召集来，我要讲几句话。"

院长把领导班子成员，还有区里的、乡里的领导都叫到我家里来开会。

我说："这批东西，咱们一定要用在医疗条件的改善上，绝对不能有什么理由或者变通个什么方式，将任何一样东西拿走，送给领导或私自分了、用了。"

大家都说我给这批送给医院的东西筑起了一道防线。

我这个防线有多大的作用呢？没有作用。因为没过多长时间，医院的院长跑来找我，说那些东西已经被医院外面的领导拿走了。

我一听，火就上来了，"这怎么行？我要去找市长反映这个问题。"

医院的院长赶紧劝我，话说到最后都求我了："您要是去反映了，我这个院长恐怕就当不成了。"

后来我回到家乡，情况变得更严重了。

我参加了家乡企业的剪彩典礼，之后，红包就放到我的房间里了。

我看着红包，心里不是滋味。

家乡的老朋友说："这红包不算什么，现在剪彩给你一把金剪刀也属正常。"

无奈之下，我把参加剪彩，还有什么所谓的"回扣钱"，一共 20 万元给了村里的小学。

其实上面所谈的事情都是我随机想起来的，如果要逐一道来的话，那就是个很长很长的叙述了。

我感到自己一生从年轻的时候选择了共产主义作为我的理想，没有错。在当下的经济社会环境下，为经济发展做些事情，当属份内。而借机满足自己的私欲，同时让私欲膨胀，处处想着捞好处，那么只能是人生信仰的幻灭。

最后，转回头再接着谈我 1983 年离任中国驻英国大使时发生的一个小插曲，这个小插曲成了我外交生涯的休止符。

前面我曾经说过，1982 年夏天，我奉命回国参加中央关于香港问题的会议。会议结束后，廖承志让我了解英方情况之后，尽快回国工作。

1985年4月5日，国务院港澳办举行记者招待会，回答了采访第六届全国人大三次会议和政协第六届三次会议的港澳记者的提问。图为参加记者招待会的港澳办负责人和工作人员（左起：容康、郑伟荣、王匡、柯华）

当时我没有细想回来搞什么工作，等到我1983年仲春离任回国后，中组部的副部长通知我：中央政治局已经决定，让你去担任新华社香港分社社长。香港分社过去是归广东省委领导，中组部副部长说我去了之后，新华社香港分社归中央直接领导。

这时候，叶剑英在家里请霍英东、马万祺、费彝民，还有香港特区的政协委员、人大代表吃饭，告诉他们我要到香港任职的消息。

我开始积极地投入到有关香港的工作中，参加会议，阅读文件。

突然有一天，中组部通知我，说中央考虑我先不要去香港了。因为中央有新的规定，省委书记一级的干部，年龄不能超过65岁。

我想既然有这样的新规定，我服从组织分配就行了。

过了几天，中央书记处书记习仲勋找我，主要谈我不去香港任职的原因。

我表示尊重中央的决定。

此后，1983年至1995年，我担任国务院港澳办顾问。就在我到港澳办报到的第三天，廖承志不幸去世了。

最后，我从国务院港澳办顾问的岗位上离休。

自此，我开始了一个老人的离休生活。

新中国外交耆宿柯华95岁述怀

结语
2012年早春

大概 10 年前,我在一篇文章中说过这么几句话:"我不是历史人物,不写自传,也不写回忆录。"

只是在耄耋之年后,参加社会活动日渐减少,每日静坐家中,忆及往事,就生出颇多的感慨。

虽说我不是大时代的大人物,但我毕竟见证过一个伟大的时代。从某种意义上说,我所经历的时代正渐行渐远,可是我明白关于我所处的时代的记忆只会愈来愈清晰,而我的叙述也就是对一个伟大时代记忆的一次私人化标注。

值得记忆的往事已经述说完了,对往事的种种反思亦逐一表过。

> 我与青山是旧游,
> 青山能识旧人否?
> 一般九月秋红叶,
> 两个三年客白头。
> ……

这是我广东家乡清代诗人宋湘的两句诗。

2004年12月3日,柯华(后排右三)与参加纪念"一二·九"运动69周年活动的黄华(前排左三)、龚普生(前排左一)等合影

柯华与孙子、孙女们合影

20世纪80年代，柯华在打台球

20世纪90年代，柯华在冰钓

比起宋湘再见青山时的"两个三年客白头"来，我已经是过了鲐背之年，再游青山，其中况味，当尽在文中了。

柯华简历

- 1915年12月19日出生于广东省普宁县。
- 1922年—1935年就读于小学、中学。
- 1935年—1937年夏就读于燕京大学,参加"一二·九"抗日活动,并参加中华民族解放先锋队和社会科学联盟,1937年4月参加革命。1937年12月参加八路军。
- 1938年调回延安,先后在陕北公学、"抗大"、中央党校学习,并于"抗大"加入中国共产党。
- 1940年—1949年解放前任西北局宣传部干事、秘书、处长。
- 1949年—1954年先后担任中共西安市委副书记兼宣传部长,西北军政委员会文委副书记兼文化部副部长及西北行政委员会副秘书长。
- 1954年—1983年先后任外交部礼宾司司长,西亚非洲司司长,非洲司司长,亚洲司司长,中国驻几内亚、加纳、菲律宾、英国等国大使。
- 1983年—1995年先后任国务院港澳办顾问,第七届全国政协常委、中国国际友好联络会副会长、中国国际文化交流中心副理事长、中国扶贫基金会副会长、广东汕头经济特区顾问委员会名誉主任等。
- 1995年离休。

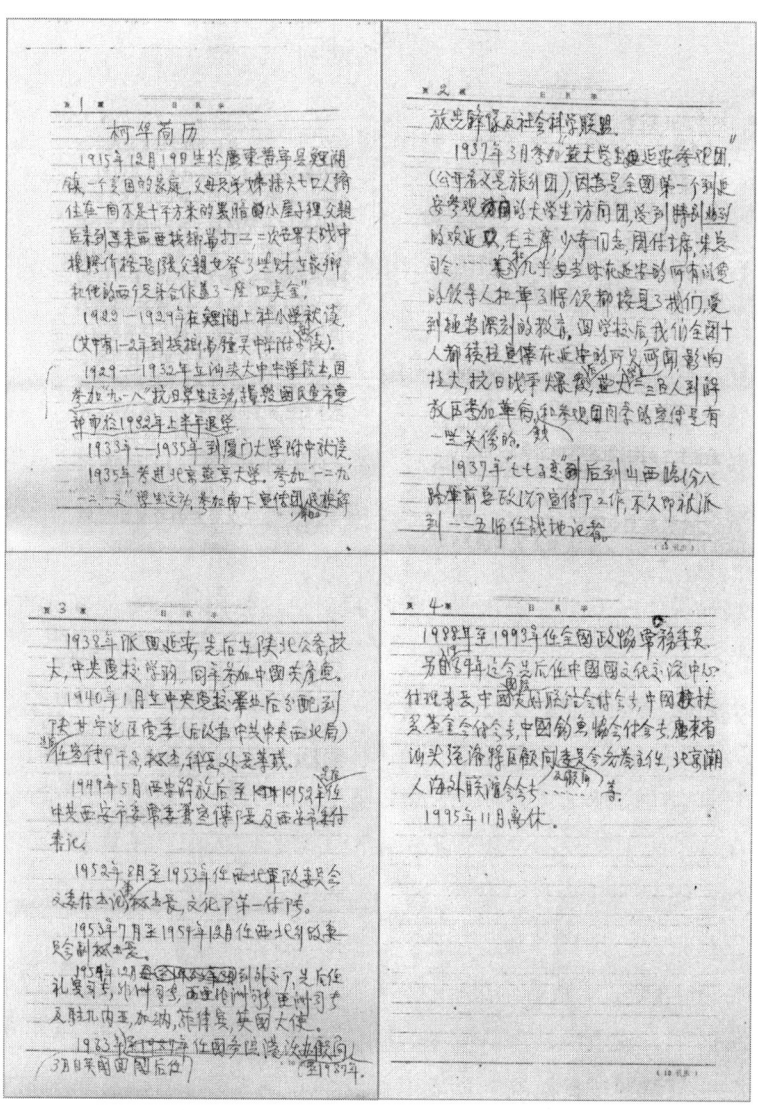

柯华简历手稿

后 记

我为柯老执笔口述历史《新中国外交耆宿柯华95述怀》缘起于我妈妈的同学王小牛叔叔。

许多年前,小牛叔叔来我家里小聚,我知道他酒喝得了不起,半斤酒下肚都没有醉。

我的外公郭琦去世20周年时,学者张岂之和西安出版社社长张军孝要为外公出版纪念文集,其中有张老照片需要写图注,但在西安却没有人知道照片里的人是谁。

妈妈说也许王小牛能认识,于是我带上这张照片,专程到北京找王小牛叔叔。

王叔叔果然眼力很好,一下子就认出了老照片上的好几个人。

"这是李卓然、我爸、秦川,抱孩子、戴眼镜的是柯华伯伯,我妈……"然后王叔叔把照片放到桌子上,告诉我说,"剩下的两个人,我实在认不出来了。不过我认不出来没关系,有人能认出来。"

我忙问:"谁认识?"

王叔叔说:"柯华伯伯肯定能认出来,他记性好得很呢!"

将近18年前,我听到过一次"柯华"这个名字,是在秦川老人家。

那时候,我刚刚从部队回来,一天到晚没有什么事情做,一位做摄影师的朋友说要拍摄延安时期老新闻工作者的专题,要我陪他到北京找老同志。这位朋友的岳父曾经和秦川在保卫延安的时候一起在西北野战军前委工作过，所以我们一到北京，便直奔秦川老人家。

我们给秦老拍完照片后，请秦老再介绍几位健在的延安时期从事新闻工作的人。

秦老在一张纸上写下一串名字，后面还写了电话号码。写完后，他突然笑着说："我怎么把'柯华'写成'高华'了。明天你们先去找柯华，他可比我有派头，外交官，那个风度……你们去，肯定能拍出好照片。"

秦老还详细地给我们讲了去柯老家怎么走，并说："明天一大早，我就给他打电话。"

第二天，我和朋友起了个大早，按照秦老画的路线图去柯老家。走了好长时间，却迷了路，到中午也没有找到。

我们看见公共电话亭，连忙给柯老家打电话。

家里人说："柯华不在，去钓鱼了。"

我心里纳闷，忙问朋友："柯华算起来80岁了，还钓鱼？"

后来，我和朋友就去别的老人家里拍照了。

再后来，我先回了西安，也不知道我的朋友是不是去给柯老拍了照片。

这么多年过去了，秦老，还有当时我朋友拍的那一批延安时期从事新闻工作的老人陆陆续续地去世了，只是我一直记得秦老说柯华的那句话："他可比我有派头，外交官，那个风度……"

现在王叔叔又提起了柯华，我算了一下，他该有90多岁了。让一个90多岁的老人去辨识将近70年前的老照片，我觉得有点悬。但看王叔叔那表情，那说话的语气，却不像是开玩笑，而是把握大得很。

王叔叔见我有些迟疑，就说："没问题，柯华伯伯记性好得很，他正在搞传记呢。"

我也没细问搞什么传记，心里还是揣摩着柯老真的能认出照片上的人吗？

后来，当我把照片递给柯华，看着老人坐在沙发上，拿着照片仔细端详的时候，我觉得"精神矍铄"这个词用在他身上可真够贴切的。

"这是聂景德，边上是赵守一，抱孩子的是我，中间这个人是李卓然，这是秦川,旁边的是周盼、王顺桐、郭琦、杨静仁,都是宣传部的人。怎么杨静仁也在这里?"

我真的折服了,感慨地说:"柯爷爷,您的记性这么好,都认识!"

柯老笑了,"记性不行了。这个照片,我想想……是,想起来了,是(19)47年2月底3月初照的,我们撤离延安前几天,宣传部的同志们一起照的。就是想不起来杨静仁怎么和我们在一起照相?他在统战部当科长……想起来了,他好像有个兼职——西北局机关游击队队长。当时撤离延安的时候,我埋完李卓然的日记,机关的人都走了,我跑到山坡上,也没有看见人。我到处转,后来碰到了杨静仁,他一个人拿条破步枪,见到我就喊:'胡宗南的部队来了,就在山下!'我俩结伴在山沟里转,到安塞才找着机关……"

柯老讲起70年前的往事,仍历历在目。

我顺便问柯老:"您的传记什么时候出版?出版后一定要送给我一本。"

老人家说:"好!"

半年之后,外公的纪念文集出版了,我寄给王叔叔一本。

王叔叔收到书后,打电话给我:"如果有时间,希望你来北京一趟,有件事情要和你商量。"

恰好这时候我和妻子的表哥齐欣正谋划着一个项目,要去北京。

我在北京一见到王叔叔,他就说:"我正为柯老的传记头疼。"

接着王叔叔大致给我讲了对柯老进行采访、准备出版传记的经过,并表示希望我能来写这个传记。

我问了一些具体采访柯老的事情,知道都录了音,材料很充分,就说:"我回去准备准备。"

几个月之后,我又到了北京,和王叔叔见面,他再次提到柯老的传记。

当时他坐在沙发上,侧身看着我,一缕午后的阳光洒在他的脸上。

他说:"我答应柯伯伯了。"然后看着我。

这时候，我实在有些慌乱，冒失地说了一句："那我来写吧。"

我的话音甫落，王叔叔立即给柯老打电话，然后让我马上去柯老家详谈。

这次见到柯老，他的精神头很好。他谈了这部传记应该是怎样一个结构，希望通过这部传记写出外交部的几个人：周总理、陈老总、张闻天、龚澎、姬鹏飞……写延安时期的李卓然，写他的好朋友王顺桐、秦川，写他的三支枪的故事……

最后，我和柯老约好把采访的录音材料都给我。

几个月过去了，可那些录音材料却没有从北京寄给我。柯老和我通过几次电话，希望我尽快进入写作阶段。

我没有任何材料，如何动笔呢？

我把这个情况告诉了王叔叔，他答应催一下。

时间一天一天地过去了，录音采访的资料依然没有结果。

无奈之下，齐欣出了个主意：重新采访！

这时候，我手里正有两部书稿需要完成，一部是《钟明善评传》，已经是第二稿了；一部是写外公郭琦的传记《千帆过尽一书生》，完成了十八九万字，正在做最后的冲刺。另外，我住到北京来，重新进行采访，也有诸多不便，我的女儿卷卷正要"小升初"，妻子在电台的工作也很忙，并且我手头还主编着一本书法杂志，千头万绪，实在抽不出时间去采访。还是齐欣想了个办法，他让妻子郭弘代替我去采访柯老。

就这样，郭弘每天早上送孩子上学后，从海淀区历时一个多小时去城里柯老家采访。采访完，郭弘把录音传给我，我在家把录音整理成文字。

郭弘前前后后给我传了18次，整理出来有十几万字。我一段一段地读下去，凌乱得很，几乎找不到有什么关联的地方。

我先后和郭弘、王叔叔通了电话，说了采访录音凌乱的问题，这才知道郭弘搞的这些采访录音大部分是柯老认为应该为原来的采访进行补充的内容，所以没有什么关联。但我只是拥有这些散乱的材料，实在不知道怎么去动笔。

当我再次见到王叔叔的时候，他被诊断出得了癌症，正在医院化疗。

我坐在病床边，王叔叔还是说起柯老传记的事："彤彤，你一定得尽快写出来，柯伯伯年纪大了，我答应他了。"

鉴于王叔叔的身体状况，我只得骗他说："我已经动笔了，写完就先给您看。"

离开医院时已是深夜，齐欣开着车，我坐在副驾驶座位上，闷头抽烟。当时正是寒冬，我觉得王叔叔真是个一诺千金的人，我应该赶快动笔去写，但我怎么写呢？

我推掉了好些事情，停止了《钟明善评传》和《千帆过尽一书生》的写作，对钟伯伯，还有我的外婆萧枫，内心里很是愧疚。我唯一能宽慰自己的就是钟伯伯比起柯老也还年轻，才70余岁，外婆也不过93岁，比柯老小四五岁，况且外公去世20年了，晚一些写完外公的传记，外婆不会怪罪我，钟伯伯也会原谅我，其实我是有些耍赖了。

这时候，我只有一个念头：既然答应了罹患癌症的王叔叔，一写完就给他看。

半年的时间里，我反反复复去北京采访柯老有21次。但还未来得及动笔，噩耗传来，王叔叔不幸病逝了。

惊闻噩耗的一瞬间，我觉得自己亏欠了王叔叔好多好多。

正在这个时候，柯老来电话说以前采访他的录音材料给了录音公司，已打成了文字。

我飞奔到北京，拿到最原始的材料，立即折回西安。

看过这些材料后，我头大如斗。因为录音公司整理的文字，初看简直就看不懂。比如说把"西北局"写成"洗背聚"，"英国"写成"应果"、"武汉"写成"无憾"，还有很多人名的错误，不胜枚举，疑似天书。

等我把这些文字一一校订出来，四个月过去了，已经是2012年的初夏。

这时候，柯老已经97岁了，他每个星期都会给我打电话询问写作的进展情况，但我实在不知道该对他老人家怎么说。写成传记文学，我算了算时间，最少要大半年才能完成。

2013年7月，郭彤彤与柯老在医院合影

怎么才能加快速度呢？20世纪90年代末期，我在西安一家报社工作时做社会调查版，经常一天要赶两个整版的文字，都写成口述调查实录。我认为这样写很快，就决定把柯老的传记改为口述历史。但把传记改成口述历史并没有提高速度，这与我10多年前在报社工作时写口述调查实录完全是两回事，录音的原始材料中的几乎每句话都需要去核实、论证，跑档案馆、图书馆，到朋友处借阅资料，仅仅把录音资料里的人名订正过来就花了20多天的时间。至于涉及的具体时间及历史背景的框定，又花了三个月的时间。最终做成一段一段的笔记，方才动笔。到写完书稿并修订完毕已经是2012年12月了。

2013年正月十五过后，我们和本书责任编辑一起去医院见柯老，并对书稿中的存疑之处逐一与柯老进行了沟通和确认。

柯老说："我已经98岁了，身体不如前一段时间了，希望能很快看到该书出版。"

当天中午，我们从医院赶到柯老家，在其孩子的帮助下，从珍藏的

20多本相册及家中摆放的相框中挑选了90多张各个时期的珍贵照片。这些照片与文字一起向读者展示了柯老不平凡的人生经历，回顾了新中国外交的发展历史，特别是中国政府在与非洲友好国家建交、与英国政府谈判香港回归中国的过程中所做出的不懈努力。

柯老在本书的《结语》中说："虽说我不是大时代的大人物，但我毕竟见证过一个伟大的时代。从某种意义上说，我所经历的时代正渐行渐远，可是我明白关于我所处的时代的记忆只会愈来愈清晰，而我的叙述也就是对一个伟大时代记忆的一次私人化标注。"

此书的出版得到了很多人的支持与帮助，在此一并感谢！同时也祝愿柯老健康长寿！

图书在版编目（CIP）数据

新中国外交耆宿柯华95岁述怀／柯华口述；郭彤彤执笔．—
北京：文化艺术出版社，2013.8
ISBN 978-7-5039-5665-2
Ⅰ.①新… Ⅱ.①柯…②郭… Ⅲ.①柯华（1915～）—传记
Ⅳ.①K827=7

中国版本图书馆CIP数据核字(2013)第201446号

新中国外交耆宿柯华95岁述怀

口　　述	柯　华
执　　笔	郭彤彤
责任编辑	董瑞丽
装帧设计	姚雪媛
出版发行	文化藝術出版社
地　　址	北京市东城区东四八条52号（100700）
网　　址	www.whyscbs.com
电子邮箱	whysbooks@263.net
电　　话	（010）84057666（总编室）　84057667（办公室） 84057691—84057699（发行部）
传　　真	（010）84057660（总编室）　84057670（办公室） 84057690（发行部）
经　　销	全国新华书店
印　　刷	国英印务有限公司
版　　次	2013年8月第1版
印　　次	2013年8月第1次印刷
开　　本	710毫米×1000毫米　1/16
印　　张	20.25
字　　数	180千字
书　　号	ISBN 978-7-5039-5665-2
定　　价	38.00 元

版权所有，侵权必究。印装错误，随时调换。